太阳能电池激光损伤
及其散射光谱特性

常　浩　叶继飞　杨雨川　赵玉立
　　　　　　　　　　　　　　　　著
周伟静　文　明　李南雷

U0274318

中国宇航出版社
·北京·

图书在版编目（CIP）数据

太阳能电池激光损伤及其散射光谱特性 / 常浩等著.

北京 ： 中国宇航出版社，2024. 8. -- ISBN 978-7-5159-

2415-1

Ⅰ. TM914.4

中国国家版本馆 CIP 数据核字第 2024ZD2377 号

责任编辑　刘　凯　　封面设计　王晓武

出　版 发　行	中国宇航出版社		
社　址	北京市阜成路 8 号　邮　编　100830 (010)68768548	版　次	2024 年 8 月第 1 版 2024 年 8 月第 1 次印刷
网　址	www.caphbook.com	规　格	710×1000
经　销	新华书店	开　本	1/16
发行部	(010)68767386　　(010)68371900 (010)68767382　　(010)88100613 (传真)	印　张 字　数	12.75　彩　插　16 面 177 千字
零售店	读者服务部　　　　(010)68371105	书　号	ISBN 978 - 7 - 5159 - 2415 - 1
承　印	北京中科印刷有限公司	定　价	68.00 元

本书如有印装质量问题，可与发行部联系调换

目　录

第1章　概　述

1.1　太阳能电池基础

本节主要介绍了太阳能电池的相关基础，包括太阳能电池光电转换原理、太阳能电池等效电路、太阳能电池量子效率、三结 $GaInP_2/GaAs/Ge$ 电池以及单晶 Si 电池。

1.1.1　太阳能电池光电转换原理

太阳能电池的原理基于半导体材料的光吸收作用和光生伏特效应，光吸收作用主要将辐照的光转换为半导体内部能量，光生伏特效应将光能转换为电能。

光吸收主要分为两种方式：本征吸收和非本征吸收。光子能量将价带中价电子的价键打断使之成为自由电子的过程为本征吸收。对于本征吸收，只有在光子能量大于太阳能电池半导体材料禁带宽度时才会发生。对于光的吸收，除了本征吸收外，还存在其他吸收机制：非线性吸收、杂质吸收、激子吸收、自由载流子吸收、晶格吸收等，这些吸收统称为非本征吸收。与本征吸收相比，非本征吸收的吸收系数非常小，通常可以忽略不计，一般只考虑本征吸收的作用[1-4]。

　　吸收的光能会随着材料深度的增加而衰减，即半导体材料对光能的吸收程度与材料的穿透深度有关，吸收过程符合布朗-朗伯定律，即

$$I_z = I_0 \, \mathrm{e}^{-\alpha z} \qquad\qquad (1-1)$$

式中，I_0 为入射光强度；α 为材料对光的吸收系数，单位为 cm^{-1}；z 为光垂直于材料表面所透过的材料深度。其中，吸收系数 α 的主要含义为当光透过材料深度达到 $1/\alpha$ 时，由于材料的吸收，此时光能衰减为初始值的 $1/\mathrm{e}$。

　　光生伏特效应是指半导体材料器件将吸收的光能转换为电能。在半导体材料中存在两个能带：价带 E_v 和导带 E_c，处于价带 E_v 范围内的电子无法自由移动，而处于导带 E_c 范围内的电子则可以自由移动，两个能带之间的间隙称为禁带宽度 E_g，当照射到半导体器件上光束的光子能量 $h\upsilon$ 大于禁带宽度 E_g 时，光子能量能够将价带中价电子的价键打断使之成为自由电子，即不能自由移动的电子吸收了能量之后成为可自由移动的电子。所以，将会产生一个自由电子和一个相应的空穴，统称为光生电子-空穴对或光生载流子。在内建电场的作用下，电子会向 N 区移动，空穴会向 P 区移动。如果外电路处于开路状态，光生载流子会分别在 N 区和 P 区的电极处累积，最终达到一个稳态的状态，使外电路呈现开路电压状态，如果接上负载，电流经过负载使其工作，然后通过导线流回 P 区，填补之前 P 区因补足 N 区空穴而留下的空穴，通过这样的循环，材料中的总电子数保持不变，因此太阳能电池可以连续工作很长时间[5,6]。

1.1.2　太阳能电池等效电路

　　根据太阳能电池的物理特性，可以推出其等效电路图，如图 1-1 所示。在光照下太阳能电池产生光生电流，其相当于电流源电源；同

时，半导体的特点决定了太阳能电池还具有二极管的特性，所以太阳能电池电路一般等效为一个电流源电源和一个二极管的并联。此外，材料自带阻值的特点决定了寄生电阻的存在，寄生电阻分为并联电阻 R_{sh} 和串联电阻 R_s。其中，并联电阻主要来自太阳能电池内部材料缺陷导致的 PN 结漏电，并联电阻的存在主要影响太阳能电池的最大输出电压；串联电阻主要来自太阳能电池自身的体电阻、金属电极产生的接触电阻等，串联电阻的存在主要影响太阳能电池的最大输出电流[7-9]。

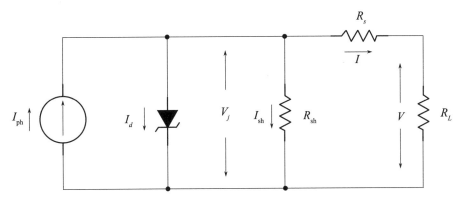

图 1-1　太阳能电池的等效电路

由等效电路可得太阳能电池的输出电流关系式如下[10]：

$$I = I_{ph} - I_d - I_{sh} \tag{1-2}$$

式中，I_{ph} 为光生电流；I_d 为流过 PN 结的结电流；I_{sh} 为电池缺陷导致的漏电流；I 为电池输出电流。

其中，漏电流 I_{sh} 表示式为：

$$I_{sh} = \frac{I R_s + V}{R_{sh}} \tag{1-3}$$

根据二极管特性，流过二极管的结电流为[11]：

$$I_d = I_{os}\left(\exp\frac{eV_j}{nkT} - 1\right) \tag{1-4}$$

式中，I_{os} 为 PN 结的反向饱和电流；V_j 为结电压；k 为玻耳兹曼常数；n 为二极管品质因子；e 为单位电荷；T 为电池温度。

综合式（1-2）～式（1-4），太阳能电池的输出电压和电流之间的关系式为：

$$I = I_{ph} - I_{os}\left(\exp\frac{eV_j}{nkT} - 1\right) - \frac{IR_s + V}{R_{sh}} \tag{1-5}$$

式（1-5）即为太阳能电池电流与电压之间伏安特性的数学模型，可以发现，太阳能电池的输出主要受到串联电阻和并联电阻的影响。

图 1-2 为不同并联电阻对太阳能电池伏安特性的影响，当太阳能电池电压为零时，电路处于短路状态，此时并联电阻的阻值对短路电流无影响。当太阳能电池电压不为零时，并联电阻将会消耗电流，其具体电流减小量为 V/R_{sh}。同时，并联电阻越小，太阳能电池的输出电压越低。理想状态的太阳能电池具有无穷大的并联电阻，但实际上的太阳能电池并联电阻达不到理想状态，制造工艺越好，太阳能电池的并联电阻越大。

图 1-3 为不同串联电阻对太阳能电池伏安特性的影响，当太阳能电池输出电流为零时，电路处于开路状态，串联电阻的阻值对开路电压无影响。当太阳能电池电流增大时，串联电阻会导致太阳能电池输出电压的下降，减小量为 IR_s。串联电阻越大，下降的电压越大，同时短路电流越小。理想状态的太阳能电池串联电阻为零，但实际上太阳能电池的串联电阻阻值不为零。

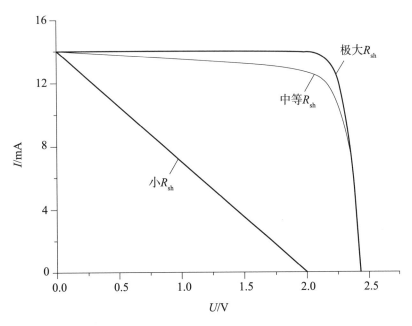

图 1 - 2 不同并联电阻对太阳能电池伏安特性的影响

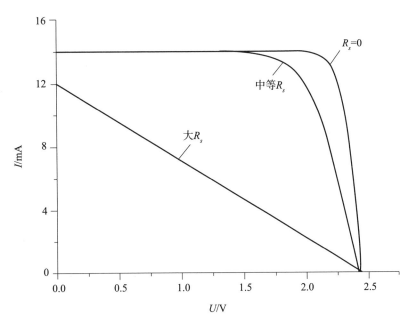

图 1 - 3 不同串联电阻对太阳能电池伏安特性的影响

1.1.3　太阳能电池量子效率

量子效率 QE：太阳能电池的量子效率主要用于表征不同能量的光子对短路电流的贡献。量子效率有两种表示方式，一种为外量子效率 EQE，定义为辐照太阳能电池的光谱中，每个波长的光子能量能够在太阳能电池中产生电子的概率，可以用式（1－6）表示[7]：

$$EQE(\lambda) = \frac{I_{sc}(\lambda)}{qAQ(\lambda)} \qquad (1-6)$$

式中，$Q(\lambda)$ 为入射光子流谱密度；q 为单位电荷；A 为太阳能电池面积；$I_{sc}(\lambda)$ 为总入射光子数所产生的电荷数。

外量子效率反映了光生载流子与入射光子之间的比值。还有一种为内量子效率 IQE，内量子效率反映了光生载流子与被电池吸收的光子数之比。对于外量子效率和内量子效率之间的关系式如下：

$$IQE = \frac{EQE}{1-R-T} \qquad (1-7)$$

式中，R 为太阳能电池表面反射率，单位为％；T 为太阳能电池对入射光的透射率，单位为％。三结 $GaInP_2/GaAs/Ge$ 太阳能电池和 Si 太阳能电池的外量子效率如图 1－4 和图 1－5 所示，三结 $GaInP_2/GaAs/Ge$ 太阳能电池的波长吸收范围为 280～1 825 nm，Si 太阳能电池的波长吸收范围为 300～1 100 nm[12,13]。

1.1.4　三结 $GaInP_2/GaAs/Ge$ 电池介绍

采用单一材料制造的太阳能电池光电转换效率较低，主要是由于太阳光的光谱范围较广，光子能量分布在 0.4～4 eV，单一材料的禁带宽度为固定值，光子能量小于材料禁带宽度的光子无法被太阳能电池吸收，而能量远大于材料禁带宽度的光子虽然能够被太阳能电池吸收，但

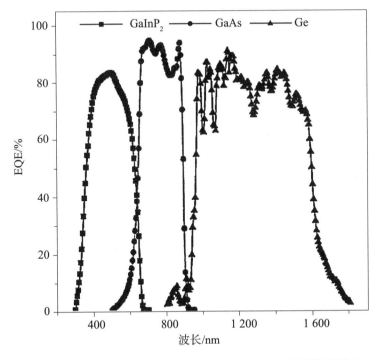

图 1-4　三结 GaInP$_2$/GaAs/Ge 太阳能电池的外量子效率

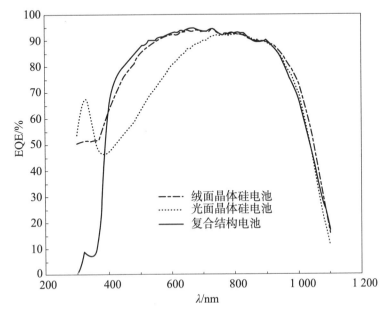

图 1-5　Si 太阳能电池的外量子效率

会激发产生高能载流子。在高能载流子在弛豫过程中将大于禁带宽度的能量传导到晶格，最终以热能的形式消耗掉，因此单一材料制造的单结太阳能电池对太阳光谱能量利用率不高，叠层电池的设计方案可以解决这一问题。

叠层电池的设计原理为将不同禁带宽度的电池组合成多结电池，按照禁带宽度从小到大堆叠串联起来，每个结电池吸收太阳光中不同波段的光子能量，从而提高太阳能电池的光电转换效率。根据叠层电池设计原理，结电池数量越多，太阳能电池的转换效率越高，但结数越多，加工工艺越复杂，加工难度越大，因此在实际中三结电池是最合适的[7]。

目前最常用的三结太阳能电池主要为三结 GaInP$_2$/GaAs/Ge 太阳能电池，光电转换效率可超过 31%，这种电池结构如图 1-6 和图 1-7 所示[14]。

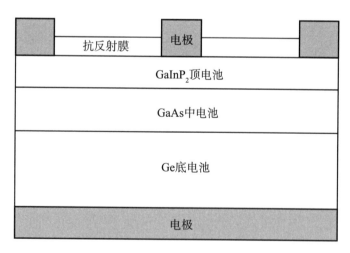

图 1-6　三结 GaInP$_2$/GaAs/Ge 太阳能电池剖面结构

三结 GaInP$_2$/GaAs/Ge 太阳能电池的不同结电池禁带宽度不同，顶电池 GaInP$_2$、中电池 GaAs、底电池 Ge 的禁带宽度分别为1.85 eV、

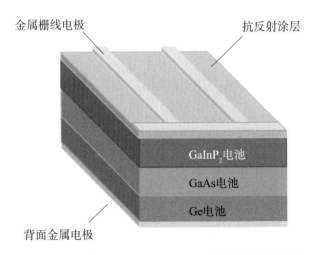

金属栅线电极 抗反射涂层

GaInP₂电池

GaAs电池

Ge电池

背面金属电极

图 1-7 三结 GaInP₂/GaAs/Ge 太阳能电池结构

1.42 eV 和 0.67 eV。顶层 GaInP₂ 电池吸收并转化太阳光谱中光子能量大于 1.85 eV 的部分,中层 GaAs 电池吸收并转化光子能量介于 1.85～1.42 eV 之间部分,底层 Ge 电池吸收并转化光子能量介于 1.42 eV 到 0.67 eV 之间的部分[15]。

在标准太阳光谱 AM0 辐照条件下,不同结电池的吸收波长范围如图 1-8 所示,顶电池吸收波长范围为 280～680 nm,中电池吸收波长范围为 680～892 nm,底电池吸收波长范围为 890～1 825 nm[16]。

三结 GaInP₂/GaAs/Ge 太阳能电池的不同子电池的伏安特性如图 1-9 所示[12]。三结 GaInP₂/GaAs/Ge 太阳能电池的输出电流较小,受限于三个子电池中的最小电流,如式(1-8)所示,而该电池的输出电压较大,为三个子电池的输出电压之和,有:[17]

$$I = \min\{I_1, I_2, I_3\} \qquad (1-8)$$

$$V = V_1 + V_2 + V_3 \qquad (1-9)$$

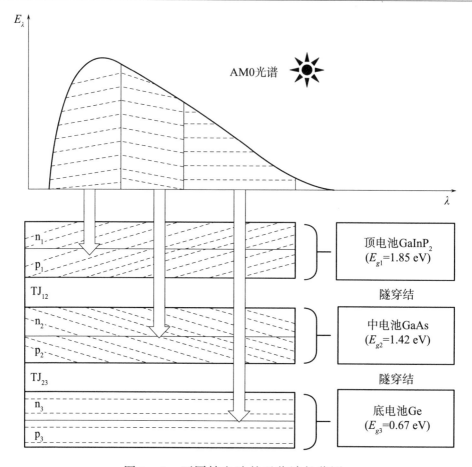

图 1-8　不同结电池的吸收波长范围

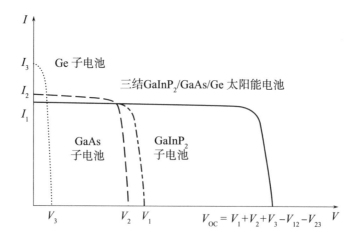

图 1-9　三结 GaInP$_2$/GaAs/Ge 太阳能电池的不同子电池的伏安特性

1.1.5　Si 太阳能电池介绍

Si 太阳能电池是目前发展时间最长的电池，Si 材料的禁带宽度为 1.1～1.3 eV，而太阳光的光子能量分布在 0.4～4 eV 之间，太阳光中大部分的光子能量大于 Si 材料的禁带宽度，满足光生伏特效应的前提条件。同时 Si 元素属于 IVA 族的类金属元素，在地球上的含量极为丰富，广泛分布于沙子和岩石中，所以 Si 材料被广泛用于太阳能电池制造中。Si 材料在太阳能电池制备方面具有以下优点[18-20]。

1）技术成熟。自 20 世纪 80 年代以来，Si 太阳能电池技术飞速发展，经过 40 余年的积累，目前 Si 太阳能电池的转换效率最高可达到 24%，且发展出了成熟的工业化制备工艺。Si 太阳能电池的结构从最早的硼全表面扩散结构逐步发展出紫电池、绒面非反射电池和钝化发射极背面点接触电池等不同结构电池。在结构不断优化的过程中，太阳能电池的转换效率也在不断提高。

2）含量丰富，制作成本低。地壳主要由含 Si 的岩石构成，Si 在地壳中的含量仅次于 O 元素。Si 在自然界中一般以氧化物和盐酸的形式存在，广泛分布于沙子、石英、水晶等各种地质矿藏中。由于材料充足、成本低廉且无毒，以 Si 材料为基础的太阳能电池在日常生活和工业中被广泛使用。

3）转换效率高。Si 太阳能电池转换效率从最初不足 1% 逐步发展到当前的 24%，凭借较高的转换效率，Si 太阳能电池被广泛使用在生活生产、光伏扶贫等领域。

Si 太阳能电池的使用主要以单晶 Si 电池为主，其结构为单结电池，结构图如图 1–10 和图 1–11 所示。

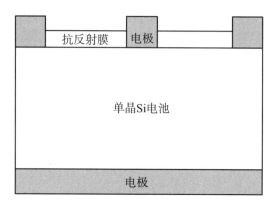

图 1-10　单晶 Si 太阳能电池剖面结构

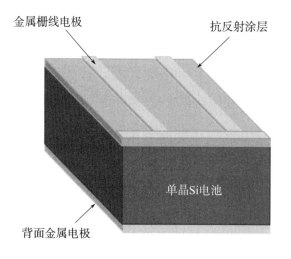

图 1-11　单晶 Si 太阳能电池结构

1.2　激光辐照太阳能电池研究概述

激光辐照太阳能电池主要受激光的不同参数影响，下面分别以激光能量、激光波长、激光脉宽以及环境压力影响为切入点对激光辐照太阳能电池的研究现状展开介绍。

1.2.1 激光能量影响

激光能量对于激光辐照太阳能电池的影响具有重要研究价值，同时也是研究最广泛的课题之一。国内外学者主要针对不同激光能量辐照下太阳能电池的电性能变化、形貌变化等方面开展了激光能量影响分析。

2005 年，日本农业技术大学的 Miyakawa 等人[21]研究了连续激光在无线传输能量中对电池的光电特性影响，实验中采用 800 nm 半导体连续激光，最大激光功率密度为 1 500 mW/cm²，实验对象为硅太阳能电池，采用不同功率的激光每次辐照 40 min。实验发现，在一定功率密度范围内，随着激光功率的升高，太阳能电池的输出也会提高，但温度的不断升高会降低电池的转换效率。

2008 年，日本筑波大学的 Iwata 等人[22]研究了脉冲激光辐照对 GaAs 材料表面损伤的影响，实验中使用波长为 1 064 nm、脉宽为 20 ns 的 Nd：YAG 激光多脉冲辐照 GaAs 材料，同时使用另一束 He‐Ne 激光作为探测光辐照硅表面，通过相机测量激光束的反射强度来表征材料表面的损坏，定义反射信号强度降为 50% 时，认为 GaAs 已经损伤。实验发现，波长 1 064 nm、脉宽 20 ns 的脉冲激光对 GaAs 材料的损伤阈值为 2.3 J/cm²。

2011 年，Qi 等人[23]研究了波长 532 nm 激光对 GaAs 材料的损伤。实验采用波长 532 nm 的纳秒脉冲激光。由于 GaAs 的禁带宽度为 1.4 eV，波长 532 nm 激光的光子能量 2.33 eV，大于 GaAs 的禁带宽度，因此 GaAs 对波长 532 nm 激光的吸收深度小，表现为面吸收。实验中采用光照反射法来表征材料的损伤，当 He‐Ne 激光的反射强度下降 10% 时，即认为损伤已经发生，实验采用 50% 概率损伤阈值定义为损伤阈值，即损伤阈值为最大不损伤能量和最小不损伤能量的平均值。实验发现，532 nm 纳秒单脉冲激光对 GaAs 的损伤阈值为 0.27 J/ cm²。通过对材料成分的分析发现，相对于无激光辐照部位，辐照部位的 As 含量有少量下降，小于 1%，原因是高温导致 As 的蒸发，且越靠近辐照边沿，As 的减少越少。

2015 年，国防科技大学的张宇[24]研究了半导体连续激光对硅太阳能电池的辐照损伤，实验在大气环境下进行，电池伏安特性变化如图 1 - 12 所示，在辐照时间 30 s 的情况下，当激光功率密度超过 5 W/cm² 后，太阳能电池的性能会发生不可逆转的损伤，且激光功率密度越大，损伤越严重。

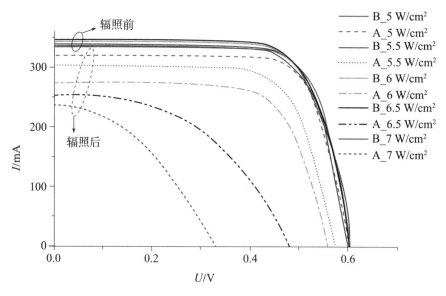

图 1 - 12　张宇的实验结果[24]（见彩插）

张宇采用了开路电压衰减法测量了太阳能电池的少数载流子寿命。少数载流子寿命可以表征电池缺陷程度和光电转换效率，寿命越长越好。通过测量不同功率激光辐照后同一电池的 A、B、C 三个不同部位的载流子寿命，发现辐照的连续激光能量越高，对电池的损伤越大，少数载流子寿命越短。测量结果如表 1－1 所示。

表 1－1　不同功率激光辐照后载流子寿命变化

激光功率/(W/cm²)	5	5.5	6	6.5	7
载流子寿命 A/μs	19.55	8.33	3.16	0.96	0.61
载流子寿命 B/μs	19.30	8.41	3.14	0.90	0.58
载流子寿命 C/μs	19.30	8.84	3.35	0.76	0.68

2017 年，南京理工大学的 Li 等人[25]研究了 1 080 nm 连续激光辐照 GaAs 太阳能电池对电池并联电阻的影响。实验在大气环境下进行，激光功率密度 507 W/cm²，辐照时间 17 s，对比辐照前后的电池伏安特性曲线，开路电压、短路电流和最大功率分别下降为辐照前的 60.89%、61.38% 和 37.43%，其中输出功率受到了显著影响。辐照前后电池的各项参数变化如表 1－2 所示。可以看出，太阳能电池电性能降低后，并联电阻下降明显。

表 1－2　507 W/cm² 激光辐照电池参数变化

参数	开路电压/V	短路电流/mA	串联电阻/Ω	并联电阻/Ω	转换效率/%
辐照前	0.41	0.145	0.53	64.41	15.32
辐照后	0.25	0.089	0.51	4.30	6.42

2020 年，四川大学的戚磊等人[26]利用 MATLAB 和 COMSOL 两种仿真软件对复合激光辐照三结 GaAs 电池的损伤模型进行了研究，计算脉宽分别为纳秒和毫秒的脉冲辐照下电池的温度以及热应力变化情况。结果显示，随着激光能量密度增加，损伤面积和深度也会增加。当能量密度为 0.5 J/cm²、脉冲宽度为 200 ns 时，损伤坑半径为 2 mm，损伤坑深度为 1.5 μm；当脉冲宽度为 0.5 ms 时，损伤坑半径为 1.4 mm，损伤坑深度为 1 μm。

1.2.2 激光波长影响

2008 年，山东大学的祁海峰[27]研究了 532 nm 和 1 064 nm 两种不同波长连续激光辐照对 GaAs 材料的损伤，实验在大气环境下进行。实验发现，在相同的激光功率辐照下，波长 532 nm 激光辐照后，材料表面增加了 O 元素，而波长 1 064 nm 激光辐照后，GaAs 材料表面未增加 O 元素。分析原因是波长 532 nm 激光光子能量大于 GaAs 材料的禁带宽度，能够产生本征吸收，GaAs 对波长 532 nm 激光吸收系数大，激光辐照下材料表面温度快速上升，产生熔融氧化，导致材料表面增加 O 元素；波长 1 064 nm 激光由于光子能量小于 GaAs 材料的禁带宽度，没有本征吸收，GaAs 对波长 1 064 nm 激光吸收系数小，激光辐照下材料表面温度未达到熔融氧化温度，导致材料表面未增加 O 元素。

2010 年，国防科技大学的邱冬冬[28]研究了不同波长连续激光对单晶 Si 电池的损伤影响。实验在大气环境下进行，分别使用10.6 μm 和 1 064 nm 两种不同波长激光进行实验。实验发现，两种波长激光辐照单晶 Si 电池后，电池的损伤形貌差异较大，如图 1-13 和图 1-14 所示，10.6 μm 波长激光辐照后，电池表面出现明显的烧蚀坑，而 1 064 nm 波长激光辐照后，电池表面只产生破裂，未形成损伤坑。分析原因是电池表面为玻璃盖片，成分主要为石英，石英对不同波长的激光吸收系数不同，石英对 10.6 μm 波长激光具有很大的吸收系数，激光辐照下温度上升较高，材料熔融形成烧蚀熔坑；而石英对 1 064 nm 波长激光吸收系数较小，激光辐照下温度上升较低，温度不足以形成烧蚀坑。

2014 年，国防科技大学的朱荣臻[29]研究了 532 nm 和 1 064 nm 两

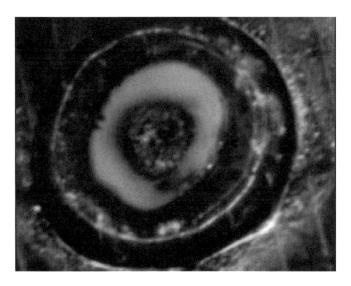

图 1-13 功率 31 W、波长 10.6 μm 激光辐照后电池的损伤形貌[28]

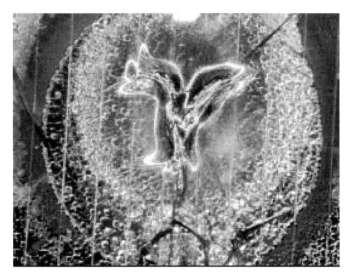

图 1-14 功率 31 W、波长 1 064 nm 激光辐照后电池的损伤形貌[28] （见彩插）

种波长激光对单结 GaAs 太阳能电池的损伤。实验研究发现，对于单结 GaAs 太阳能电池，波长 1 064 nm 激光的损伤阈值高于波长 532 nm 激光的损伤阈值。分析原因是：单结 GaAs 太阳能电池主要由 GaAs

和 Ge 两种材料组成。GaAs 和 Ge 对波长 532 nm 激光的吸收系数较大；GaAs 对波长 1 064 nm 激光的吸收系数较小，而 Ge 对波长 1 064 nm 激光的吸收系数较大。在相同能量密度激光辐照下，波长 532 nm 激光辐照后，单结 GaAs 太阳能电池温度上升比波长 1 064 nm 激光辐照温度上升更高，导致 1 064 nm 波长激光的损伤阈值高于 532 nm 波长激光的损伤阈值。

2016 年，Hhn 等人[30]研究了不同温度范围内，不同波长激光辐照对单结 GsAs 电池的光电转换影响。实验在大气环境下进行，温度范围为 60～100 ℃，激光波长范围为 790～850 nm。实验发现，电池的转换效率同时受到温度和波长的影响。存在一个光电转换截止波长，当激光波长超过截止波长后，太阳能电池的转换效率极低，而该截止波长会随着温度的变化而变化。分析原因是温度升高导致太阳能电池受热膨胀，晶格平均间距增加，材料的禁带宽度减小，从而影响了太阳能电池的光谱响应波长范围。

2018 年，李云鹏等人[31]开展了波长 808 nm 和波长 1 064 nm 连续激光辐照单结 GaAs 电池的损伤研究，实验通过对比激光辐照过程中的温度变化来分析损伤机理。实验结果表明，在激光功率相同的情况下，波长 808 nm 和波长 1 064 nm 激光辐照使单结 GaAs 太阳能电池功率下降的幅度几乎一致，如图 1-15 所示。在激光辐照过程中对电池温度进行实时测量，如图 1-16 所示。实验发现，当激光功率为 8 W/cm² 时，电池功率存在第一个下降拐点，此时的电池温度峰值为 490 ℃，达到 GaAs 分解温度，下降拐点源于 GaAs 分解；当激光功率为 11.4 W/cm² 时，电池功率存在第二个下降拐点，此时的电池温度峰值为 660 ℃，达到电池电极的氧化温度，此时的下降拐点源于电极氧化。

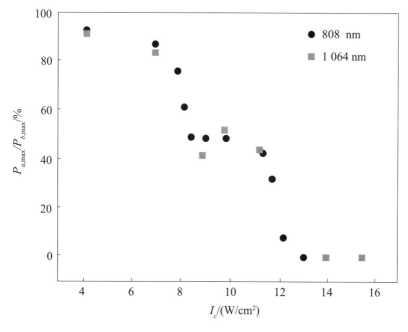

图 1-15　不同波长激光造成功率下降情况[31]

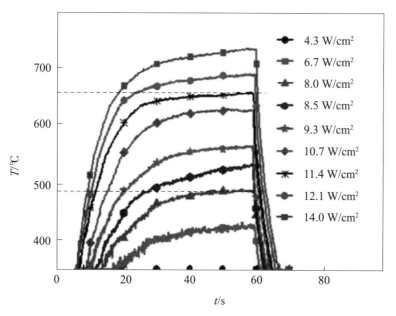

图 1-16　不同激光能量下电池温度变化[31]（见彩插）

1.2.3 激光脉宽影响

2010 年，Wang 等人[32]开展了波长为 1 064 nm，脉宽为 1 ms、10 ns、10 ps 三种激光对 Si 材料损伤的研究，分别通过数值仿真和实验得到不同脉宽激光对电池的损伤阈值。

基于有限元方法，建立激光辐照 Si 材料二维模型如图 1-17 所示，模拟不同脉宽激光辐照下 Si 材料的温度变化。计算得到脉宽为 1 ms 激光损伤阈值为 122 J/ cm²，脉宽为 10 ns 激光损伤阈值为 5.22 J/ cm²，脉冲宽度为 10 ps 激光损伤阈值为 0.78 J/ cm²。

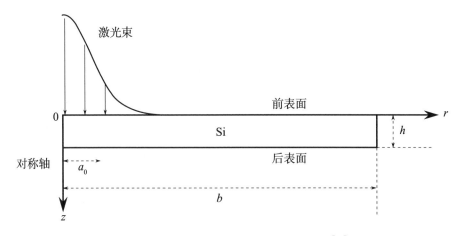

图 1-17　激光辐照 Si 材料二维模型[32]

搭建实验平台如图 1-18 所示，开展不同脉宽激光对 Si 表面损伤阈值实验研究。实验设计为激光辐照 Si 后使用另一束测量激光辐照 Si 表面，通过测量激光的反射强度来表征材料表面的损坏，定义反射信号强度降为 10% 时认为材料已经损伤。最终得到脉宽为 1 ms 激光损伤阈值为 127.2 J/ cm²，脉宽为 10 ns 激光损伤阈值为 4.8 J/ cm²，脉宽为 10 ps 激光损伤阈值为 0.7 J/ cm²。实验结果与仿真结果吻合较好，结果表明，随着激光脉冲宽度的增加，激光对 Si 材料的损伤阈值显著增加。

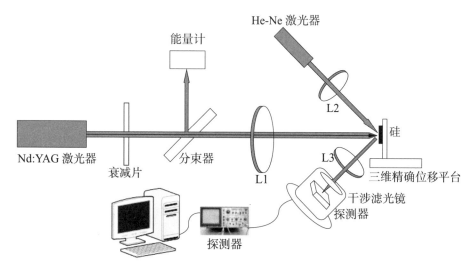

图 1 - 18　实验平台示意图[32]

2015 年，Zhu 等人[33]在大气环境下开展了波长 532 nm、脉宽 25 ps 脉冲激光和连续激光辐照单结 GaAs 太阳能电池的损伤实验。实验发现，激光辐照电池栅线部位电极比非栅线部位损伤更严重。两种情况下电池的伏安特性变化如图 1 - 19 和图 1 - 20 所示。分析原因是，辐照栅线电极会导致电池内部导电物质覆盖栅线电极，导通正负电极，使电池短路，使电性能大幅度下降。

同时，通过光学显微镜观察到，脉冲激光和连续激光辐照后对太阳能电池产生的损伤形貌明显不同，脉冲激光辐照后，电池表面仅产生烧蚀坑及溅射产物，如图 1 - 21 所示。而连续激光辐照后，电池表面出现彩色环状物质，如图 1 - 22 所示。

彩色环状物质出现的原因是，脉冲激光瞬间功率较高，激光能量在短时间内集中于辐照区域形成烧蚀坑，对未辐照区域热影响较小，而连续激光的损伤以热效应累积为主，长时间的辐照导致激光辐照区域

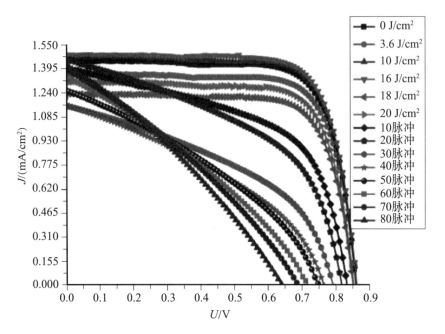

图 1-19 脉冲激光辐照电池非栅线部位伏安特性变化[33] （见彩插）

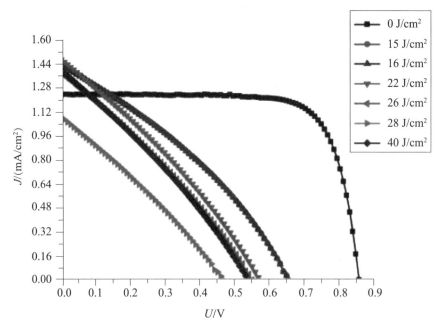

图 1-20 脉冲激光辐照电池栅线部位伏安特性变化[33] （见彩插）

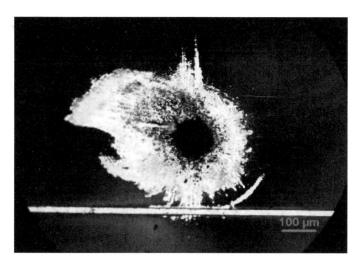

图 1 - 21　皮秒脉冲激光辐照后电池的损伤形貌[33]（见彩插）

图 1 - 22　连续激光辐照后电池的损伤形貌[33]（见彩插）

周边材料熔融氧化，生成氧化物，从而形成彩虹色环。使用盐酸洗涤彩虹色环后的形貌如图 1 - 23 所示，可以发现彩虹色环消失，证明了连续激光辐照产生的彩色环状物质主要为氧化物。

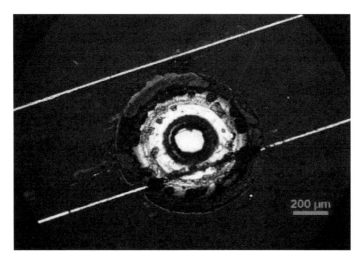

图 1-23　彩虹色环经盐酸清洗后形貌[33]（见彩插）

1.2.4　环境压力影响

2017 年，杨欢等人[34]开展了波长 1 070 nm 光纤连续激光辐照 GaAs 电池的影响研究，实验分别在大气和真空环境下进行。电池温度变化如图 1-24 所示，由于真空环境下缺乏对流和传导，激光辐照导致电池温度不断累积升高，真空环境下电池温度远高于大气环境下电池温度。在激光辐照过程中，对太阳能电池的输出电压与温度实时测量结果如图 1-25 所示，可以发现，太阳能电池的输出电压与温度呈负相关关系，电池温度越高，太阳能电池输出电压越小。

2020 年，上海空间电源研究所的唐道远等人[35]使用波长 1 315 nm 的连续激光器，在真空环境下开展了激光辐照三结砷化镓太阳能电池损伤研究。实验主要测量了激光辐照下电池实时温度变化、电池伏安特性变化、电池形貌变化。

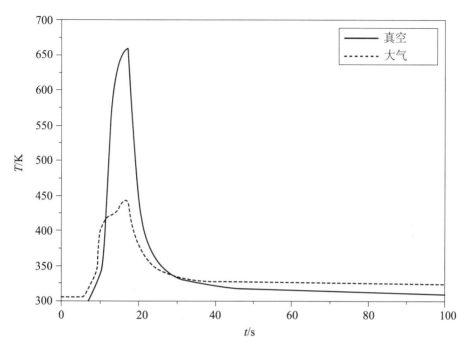

图 1 - 24 真空和大气环境下电池温度对比[34]

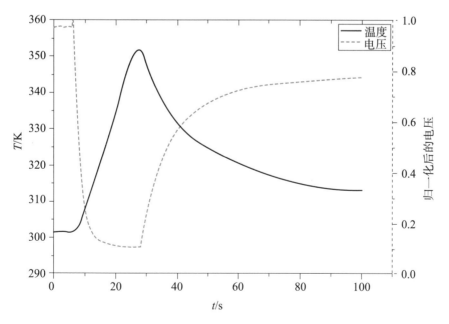

图 1 - 25 电池电压与温度关系[34]

实验在激光功率密度为 2 W/cm²、5 W/cm²、8 W/cm²，辐照时间为 60 s，每个激光参数辐照两个电池的条件下开展，电池的温度变化如图 1 - 26 所示。结果表明，激光功率密度越大，电池峰值温度越高，且在激光结束辐照后电池温度立即开始下降。电池的伏安特性变化如图 1 - 27 所示，5 W/cm² 功率密度辐照后电池伏安特性出现少量下降，而 8 W/cm² 功率密度辐照后电池伏安特性下降明显，即电池峰值温度越高，电池损伤越严重。分析认为，由于三结砷化镓电池结构复杂，由 20 多层不同材料有序排列构成，高温会导致不同层材料之间发生热扩散现象，破坏原有的掺杂结构，损伤电池性能。此外，三结砷化镓电池的顶层为 $n^+ - p^- / p^- - p^+$ 结构，底层为结构减薄型 GaAs - Ge 异质界面扩散结构，这两种结构对高温导致的热扩散损伤极为敏感，损伤后会影响光生载流子运输，降低电池光电转换效率。

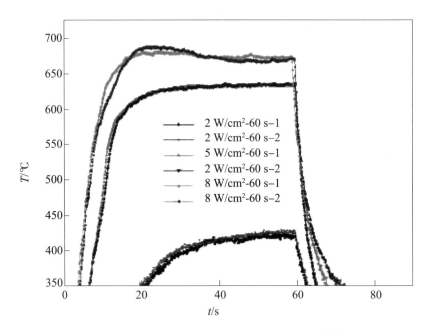

图 1 - 26 不同激光功率密度辐照下电池温度变化[35] （见彩插）

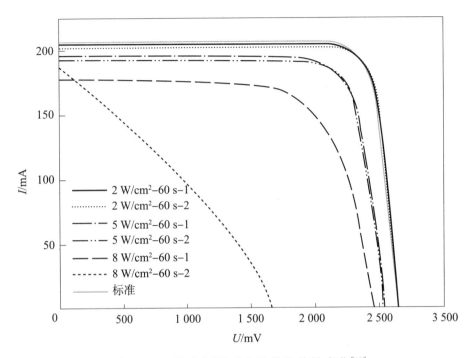

图 1 - 27　激光辐照后电池伏安特性变化[35]

参 考 文 献

［1］ SINGH A P，KAPOOR A，TRIPATHI K N. Ripples and grain formation in GaAs surfaces exposed to ultrashort laser pulses ［J］. Optics and Laser Technology，2002，34（7）：533 - 540.

［2］ GARG A，KAPOOR A，TRIPATHI K N. Laser - induced damage studies in GaAs ［J］. Optics and Laser Technology，2003，35（1）：21 - 24.

［3］ IONIN A A，KUDRYASHOV S I，SELEZNEV L V，et al. Preablation electron and lattice dynamics on the silicon surface excited by a femtosecond laser pulse ［J］. Journal of Experimental and Theoretical Physics，2015，121（5）：737 - 746.

［4］ SRIVASTAVA P K，SINGH A P，KAPOOR A. Theoretical analysis of pit formation in GaAs surfaces in picosecond and femtosecond laser ablation regimes ［J］. Optics and Laser Technology，2006，38（8）：649 - 653.

［5］ BAEUMLER M，KAUFMANN U，WINDSCHEIF J. Photoresponse of the AsGa antisite defect in as - grown GaAs ［J］. Applied Physics Letters，1985，46（8）：781 - 783.

［6］ BOURGOIN J C. Detection of the metastable state of the EL2 defect in GaAs ［J］. Journal of Applied Physics，1997，82（8）：4124 - 4125.

［7］ 熊绍珍，朱美芳. 太阳能电池基础与应用 ［M］. 北京：科学出版

社，2009.

[8]　张小宾，袁小武，李愿杰．太阳能电池技术研究［J］．东方电气评论，2012，26（2）：56－61，74.

[9]　李海雁，杨锡震．太阳能电池［J］．大学物理，2003（9）：36－41.

[10]　吴新江．基于 Matlab/Simulink 的聚光太阳能电池仿真［D］．武汉：武汉理工大学，2012.

[11]　SUGANYA J，MABEL M C. Maximum power point tracker for a photovoltaic system［C］. 2012 International Conference on Computing，Electronics and Electrical Technologies，2012：463－465.

[12]　王杰．三结 GaAs 太阳能电池非均匀辐照损伤效应及电路仿真［D］．哈尔滨：哈尔滨工业大学，2016.

[13]　彭海烽．复合光功能织构膜晶体硅电池光学特性研究［D］．厦门：集美大学，2020.

[14]　孙浩，徐建明，张宏超，等．连续激光辐照三结 GaAs 太阳电池温度场仿真［J］．激光技术，2018，42（02）：239－244.

[15]　颜媛媛．空间卫星用 GaInP/GaAs/Ge 太阳电池辐照损伤效应研究［D］．南京：南京航空航天大学，2019.

[16]　周广龙．连续激光对三结太阳电池及其子电池的辐照特性研究［D］．南京：南京理工大学，2017.

[17]　敬浩，戚磊，张蓉竹．三结 GaAs 电池损伤对输出特性的影响研究［J］．半导体光电，2019，40（6）：766－770.

[18]　翟金叶．晶硅太阳能电池发展状况及趋势［J］．电子技术与软件工程，2018（4）：76.

[19]　张鹏．超薄晶硅太阳能电池的研究［D］．锦州：渤海大学，2016.

[20]　杨文良．硅资源开发利用现状与问题分析［J］．中国市场，2010，578（19）：54－56.

[21]　MIYAKAWA H，TANAKA Y，KUROKAWA T. Photovoltaic cell

characteristics for high – intensity laser light [J]. Solar Energy Materials & Solar Cells，2005，86（2）：253 – 267.

[22]　IWATA H，ASAKAWA K. Accumulative damage of GaAs and InP surfaces induced by multiple – laser – pulse irradiation [J]. Japanese Journal of Applied Physics，2008，47（4）：2161 – 2167.

[23]　QI H，WANG Q，ZHANG X，et al. Theoretical and experimental study of laser induced damage on GaAs by nanosecond pulsed irradiation [J]. Optics and Lasers in Engineering，2011，49（2）：285 – 291.

[24]　张宇. 半导体激光对硅太阳能电池的辐照效应研究 [D]. 长沙：国防科技大学，2015.

[25]　LI G，ZHANG H，ZHOU G，et al. Research on influence of parasitic resistance of InGaAs solar cells under continuous wave laser irradiation [J]. Journal of Physics：Conference Series，2017，84（4）：12 – 14.

[26]　戚磊，张蓉竹. 复合脉冲激光辐照下三结 GaAs 电池的损伤特性 [J]. 光学学报，2020（05）：135 – 143.

[27]　祁海峰. 连续及纳秒激光对砷化镓材料的损伤研究 [D]. 济南：山东大学，2008.

[28]　邱冬冬. 激光对硅太阳能电池和硅 CCD 的损伤效应研究 [D]. 长沙：国防科技大学，2010.

[29]　朱荣臻. 单结 GaAs/Ge、单晶硅太阳能电池的激光辐照效应研究 [D]. 长沙：国防科技大学，2014.

[30]　HHN O，WALKER A W，BETT A W，et al. Optimal laser wavelength for efficient laser power converter operation over temperature [J]. Applied Physics Letters，2016，108（24）：971 – 974.

[31]　李云鹏，张检民，窦鹏程，等. 单结 GaAs 太阳电池连续激光辐照热损伤机理 [J]. 红外与激光工程，2018，47（5）：97 – 102.

[32]　WANG X，SHEN Z H，LU J，et al. Laser – induced damage threshold

of silicon in millisecond, nanosecond, and picosecond regimes [J].
Journal of Applied Physics, 2010, 108 (3): 011008.

[33] ZHU R Z, WANG R, CHENG X A, et al. Research of concentric
iridescent ring around the laser – induced pits on the solar cell surface [J].
Applied Surface Science, 2015 (336): 375 – 379.

[34] 杨欢，陆健，周大勇，等 . 1070 nm 连续激光辐照三结 GaAs 太阳电池的
实验研究 [J]. 激光技术，2017，41 (3)：318 – 321.

[35] 唐道远，徐建明，李云鹏，等 . 三结砷化镓太阳电池真空连续激光损伤
效应 [J]. 上海航天（中英文），2020，37 (2)：54 – 60.

第 2 章 激光辐照及散射光谱测量实验系统

为了研究激光辐照对太阳能电池的损伤特性以及损伤电池的散射光谱特性，本章分别建立了太阳能电池激光辐照损伤特性实验系统和激光损伤散射光谱特性分析实验系统。其中，在激光辐照损伤特性实验中可以得到损伤后的电池，从而为激光损伤散射光谱特性分析实验提供实验样品。太阳能电池激光辐照损伤特性实验系统主要关注辐照过程中的电池温度特性、辐照结束后的电池表面形貌、电特性和电致发光特性等，实验系统测量参数包括电池表面的温度及辐照损伤电池的电特性参数等，通过电池的电特性得到短路电流 I_{sc}、开路电压 V_{oc} 及最大功率 P_{max} 等电池工作性能参数，从而分析光电电池的损伤特性。进一步地，建立了太阳能电池激光损伤散射光谱特性分析实验系统，主要研究激光辐照损伤电池的散射光谱特性，实验系统测量参数包括测量系统的测量几何模型以及辐照损伤电池的散射光谱信息，通过分析辐照损伤电池的散射光谱特征，得到电池的光谱反射率、光谱 BRDF 等相关信息，从而对电池的散射光谱特性进行分析。由于电池在激光辐照损伤后，再对其进行散射光谱测量，对其散射光谱特性测量结果无明显影响，因此这两套实验系统可分别独立开展激光辐照损伤特性实验和电池激光损伤散射光谱特性分析实验研究。

2.1　太阳能电池激光辐照损伤特性实验系统

本节介绍了激光辐照损伤太阳能电池实验的设计思路和实验装置，并且对辐照电池表面温度、电特性参数以及电池表面损伤情况的测量方法进行了简要介绍。

2.1.1　实验系统搭建

为了研究激光辐照对太阳能电池的损伤特性，实验中搭建了连续激光和脉冲激光辐照三结砷化镓电池的实验系统，采用波长为 808 nm 的连续激光器和脉宽为 10 ns 的 1 064 nm 纳秒脉冲激光器进行太阳能电池辐照实验。通过对电池表面损伤特性、电特性和电致发光特性的研究，对辐照损伤电池的表面形貌、I-V 特性、最大功率以及电池电致发光等特性进行了分析。

在激光辐照损伤太阳能电池实验中，当辐照激光的能量、辐照时间等工况发生变化时，三结砷化镓电池的损伤情况通常存在差异。连续激光辐照三结砷化镓太阳能电池实验系统如图 2-1 所示，连续激光通过由快门控制系统控制的叶片型自动快门，经过由两个透镜组成的扩束装置后，光束穿过窗口片，最终垂直辐照在电池表面。实验中将电池固定在特定夹具上，以排除位置移动等因素对激光辐照区域损伤情况的影响；同时采用热成像仪对电池表面温度变化进行测量。辐照结束后，通过电池表面形貌、源表以及电致发光相机的测量结果对电池损伤情况进行判别分析。

纳秒脉冲激光辐照三结砷化镓太阳能电池实验系统如图 2-2 所示，纳秒脉冲激光经过由两个透镜组成的扩束装置后，光束穿过窗口

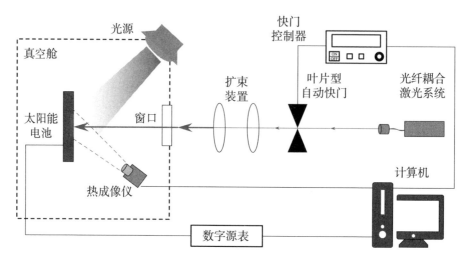

图 2-1 连续激光辐照三结砷化镓太阳能电池实验系统

片，最终垂直辐照在电池表面。实验中将电池固定在特定夹具上，以排除位置移动等因素对激光辐照区域损伤情况的影响。辐照结束后，通过电池表面形貌和电致发光相机的测量结果对电池损伤情况进行判别，并通过源表进行电池工作性能参数的测量分析。

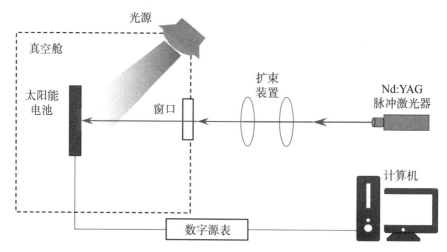

图 2-2 纳秒脉冲激光辐照三结砷化镓太阳能电池实验系统

太阳能电池激光辐照损伤特性实验研究的装置主要包括激光光源、功率计、能量计、扩束装置、自动快门及电池材料等，下面对实验装置及其工作参数进行简单介绍。

（1）激光光源

连续激光辐照实验采用由长春新产业光电技术有限公司提供的型号为 FC - W - 808H 的 808 nm 高功率光纤耦合激光系统作为激光光源，对三结砷化镓太阳能电池进行辐照，如图 2 - 3 所示。该仪器可通过控制器上的旋钮调节激光器工作电流来改变输出激光功率，其参数如表 2 - 1 所示。

图 2 - 3　FC - W - 808H 型连续激光器

表 2 - 1　808 nm 连续光纤耦合激光器参数

参数	数值
波长/nm	808
中心波长偏差/nm	-3～3
可选功率/W	50～100
光纤芯径/μm	200
光纤连接头	SMA905

续表

参数	数值
光纤长度/m	2
输出功率/W	0～100%,可通过旋钮调节
工作模式	连续
LED 显示	二级管电流
工作温度/℃	10～40
尺寸/mm	406(L)×370(W)×186(H)

脉冲激光辐照实验采用由镭宝光电技术有限公司提供的型号为 Nimma 900 型的 Nd:YAG 激光器作为激光光源对三结砷化镓太阳能电池进行辐照,如图 2-4 所示,其参数如表 2-2 所示。

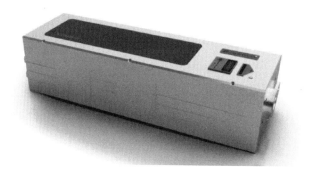

图 2-4　Nimma 900 型脉冲激光器

表 2-2　1 064 nm 纳秒脉冲激光器参数

参数	数值
波长/nm	1 064
脉宽/ns	10
重复频率/Hz	1～10
脉冲能量/mJ	900

续表

参数	数值
能量稳定性/%	≤0.6
发散角/mrad	≤0.6
光斑直径/mm	9

（2）功率计和能量计

针对连续激光的功率测量，本实验采用了美国 COHERENT 公司的 LabMax‐TOP 激光功率计，搭配 LM‐10 功率探头来计算实验中激光的功率密度，如图 2‐5 所示。其中功率探头的相关参数如表 2‐3 所示。

图 2‐5　LabMax‐TOP 激光功率计与 LM‐10 功率探头

表 2‐3　激光功率测量探头相关参数

参数	数值
测量波长范围/μm	0.25～10.6
测量功率范围	10 mW～10 W
测量噪声等效功率/mW	0.4
测量最大功率密度/(kW/cm²)	6
测量最大能量密度/(mJ/cm²)	600
探测器直径/mm	16

针对脉冲激光的能量测量，本实验采用了美国 COHERENT 公司的 LabMax - TOP 激光功率计，搭配 J - 50MB - YAG 能量探头来计算实验中激光的能量密度，如图 2 - 6 所示，其中能量探头的相关参数如表 2 - 4 所示。

图 2 - 6　LabMax - TOP 激光功率计与 J - 50MB - YAG 能量探头

表 2 - 4　激光能量测量探头相关参数

参数	数值
测量波长范围/nm	1 064
测量能量范围	2.4 mJ～3 J
测量最大脉冲宽度/μs	340
测量最大能量密度/(J/cm²)	14.0
电线长度/m	3

（3）扩束装置

由于激光器光纤末端准直器输出光斑较小，为了便于实验，需要对激光进行扩束。装置包括两个凸透镜（L_1、L_2）组成的透镜组。聚焦透镜 L_1 的直径 D_1 为 50 mm，焦距 f_1 为 100 mm；透镜 L_2 的直径 D_2 为 20 mm，焦距 f_2 为 150 mm。通过调节 L_1 和 L_2 之间的距离，对激光光束进行了扩束，实现了激光光斑大小的连续可调。

（4）自动快门

为了控制连续激光的辐照时间，实验中采用了如图 2-7 和图 2-8 所示的日本 OptoSigma 公司的 SSH-C2B 型快门控制器，搭配开口直径为 25 mm 的 SSH-25RA 叶片型自动快门，用于电池辐照实验的时间控制。通过控制器设置自动快门的开启时间，单次时间范围为 0.2 ms～99 990 s。

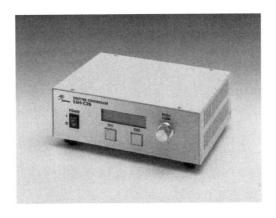

图 2-7　SSH-C2B 型快门控制器

图 2-8　SSH-25RA 叶片型自动快门

（5）电池材料

实验样品为使用金属有机物化学气相沉积（MOCVD）技术制备的尺寸为 10 mm×10 mm，厚度约为 175 μm，转换效率高达 28.3％的三结砷化镓太阳能电池，其结构如图 2−9 所示，主要由双层减反射膜（Double Layer Anti−Reflection Coating，DAR）、顶电池（Top Cell）、中电池（Middle Cell）、底电池（Bottom Cell）组成。电池由三个 N/P 结构的子电池通过隧穿结进行串联，其电压叠加，电流取最小值[1]。除上述结构外，电池主要存在正负电极、减反射膜、衬底等结构。其中，正负极为太阳能电池引出的正负极；电池的减反射膜为 TiO_2/Al_2O_3，厚度约为 100 nm，可以减少光辐照到太阳电池表面后的反射损失，提高太阳能电池对光的利用率；衬底采用 Ge 材料，在尽可能提高辐照光利用率的同时，提高了电池的机械强度[2]。

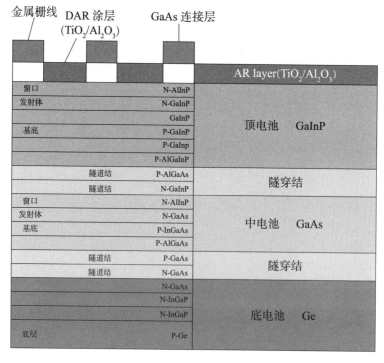

图 2−9　三结砷化镓太阳能电池结构图[3]

2.1.2　实验测量仪器

本实验研究激光辐照三结砷化镓太阳能电池的损伤特性，主要包括电池表面温度测量、伏安特性曲线测量以及电池的电致发光检测。

（1）温度测量

实验中采用了如图 2 - 10 所示的德国 Micro - Epsilon 公司的 ThermolMAGER TIM 160 微型热成像仪对激光辐照区域进行温度测量，测量时镜头距电池表面的测量距离约为 200 mm。仪器具体参数如表 2 - 5 所示，在测量过程中，温度信息实时传输到电脑，得到激光辐照电池的表面温度。

图 2 - 10　ThermolMAGER TIM 160 微型热成像仪

表 2 - 5　ThermolMAGER TIM 160 微型热成像仪参数

参数	数值
光学分辨率/(像素×像素)	160×120
测量温度范围/℃	150～900
帧频/Hz	120

续表

参数	数值
系统精度/%	$-2\sim3$
温度分辨率	0.1
镜头	$23°/f=10$ mm
数字输出	USB 2.0

（2）伏安特性测量

实验中采用了美国 Tektronix 公司的 Model 2450 型号数字源表对激光辐照损伤电池的伏安特性曲线进行测量，如图 2-11 所示。作为集成了电源、万用表、电负载和触发控制器等功能的可触屏源测量单元，其相当于电压源、电流源、电压表、电流表和电阻表的综合体。仪器可以直接对电池的电流和电压进行测量，并绘制出 I-V 特性曲线显示在屏幕上，其主要参数如表 2-6 所示。

图 2-11　Model 2450 型号数字源表

表 2 − 6　Model 2450 型号源表参数

参数	数值
电压量程	240 mV～200 V
电流量程	10 nA～1 A
基本准确度/%	0.012
宽带噪声	2 mV$_{rms}$
读数次数/(次/s)	>3 000

通过源表得到如图 2 − 12 所示的电池 Ⅰ − Ⅴ 特性曲线后，可以通过特性曲线对电池的电性能参数进行分析，如开路电压、短路电流和最大功率等。其中，开路电压是指将太阳能电池外电路断开后，在光照条件下测得的电池两端电势差，可以用 V_{oc} 表示；短路电流是指在光照条件下，电池两端电压为零时，流过电池的电流大小，可以用 I_{sc} 表示；填充因子 FF 是指电池输出功率的最大值与开路电压和短路电流乘积的比值，是太阳能电池输出曲线"方形"程度的量度：

$$FF = \frac{(IV)_{max}}{I_{sc}V_{oc}} = \frac{P_{max}}{I_{sc}V_{oc}} \tag{2 − 1}$$

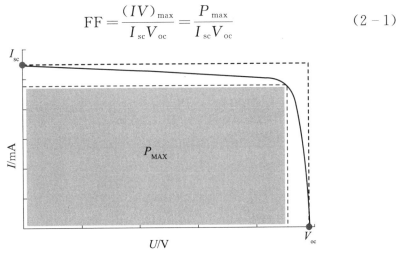

图 2 − 12　电池 Ⅰ − Ⅴ 特性曲线示意图

太阳能电池的能量转换效率 η 是指在标准测试条件下，电池的最大输出功率与入射光功率的比值：

$$\eta = \frac{P_{\max}}{P_{\text{in}}} = \frac{FFV_{\text{oc}}I_{\text{sc}}}{P_{\text{in}}} \qquad (2-2)$$

（3）电致发光检测

实验中采用了深圳京航科技有限公司的 JHUM504Bs－NIR 型太阳能电池板检测相机，进行电致发光（EL）测试，检测电池的缺陷和损伤情况，如图 2-13 所示。在对电池加载正向偏置电压后，太阳能电池中被注入大量非平衡载流子，从扩散区注入的非平衡载流子不断复合发光。通过相机捕获发出的近红外光（NIR）成像后，可以通过图像检查电池的损伤情况[4]。该型号检测相机参数如表 2-7 所示。

图 2-13　JHUM504Bs－NIR 型太阳能电池板检测相机

表 2-7　JHUM504Bs－NIR 型相机参数

参数	数值
传感器尺寸	2/3'CMOS
传感器型号	Sony IMX264
有效像素	500 万
色彩	黑白
像元尺寸/($\mu m \times \mu m$)	3.45×3.45
帧率/(帧/s)	35
分辨率/(像素×像素)	2 448×2 048
光谱响应/nm	400～1 100

2.2　太阳能电池激光损伤散射光谱特性分析实验系统

本节主要对激光辐照损伤三结砷化镓太阳能电池的散射光谱特性展开研究，通过光谱仪采集电池样片在不同测量几何模型时的反射光信号，采用光栅将光信号转化为光谱信息并及时发送给计算机。计算机软件自动记录并储存光谱信息后，通过滤波平滑、计算光谱反射率、光谱双向反射分布函数（BRDF）等数据处理方法，得到所需的目标散射光谱信息。

2.2.1　基本原理

电池表面的散射光谱是其光学特性的本质体现[5]，能够反映目标的材质属性。通过在实验室中测量辐照损伤太阳能电池的散射光谱，可以对辐照损伤电池的散射光谱特征变化进行分析，识别辐照损伤电池的材质类型。由于电池表面的散射光谱特性与材质表面粗糙度、微观结构、姿态角度等多个因素相关，通过光谱仪测量的光谱信息，结合电池散射光谱的理论模型，可以有针对性地识别激光辐照电池的损伤程度，分析电池的光学特征。

2.2.2　实验系统构建

为了研究激光辐照损伤电池的散射光谱特性，本实验采用了如图 2 - 14 所示的电池表面散射光谱测量实验系统，通过计算机控制三维旋转平台运动至不同角度后，采用入射光源辐照电池；接着探测器接收电池在不同位置处的反射光信息，将这些信息引入光谱仪；光谱仪接收到探测器传送的光学信息后，向计算机输出处理后的原始散射光谱信息。由于光谱的原始信息中存在大量噪声干扰，实验需要对光谱数据进行预处理，从而消除原始数据中的噪声。通过对散射光谱数据的相关处理，得到激光辐照损伤电池的光谱反射率和光谱 BRDF 等相关信息，从而对激光辐照电池的损伤情况进行判别分析。

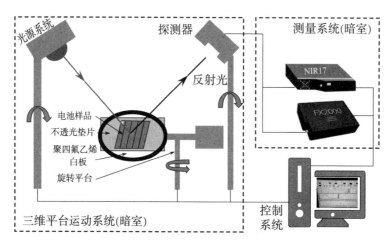

图 2-14　三结砷化镓电池表面散射光谱测量实验系统

如图 2-14 所示，实验系统包括暗室、光源系统、三维平台运动系统、控制系统等。实验中，将三结砷化镓太阳能电池样片放置于平台运动系统中的旋转平台上，该平台运动系统可实现被测目标的方位转动及测量几何模型的改变。探测器固定在平台运动系统中的机械悬臂上，其传输通道分为可视通道（350～1 100 nm）和红外通道（900～1 700 nm）两种。光通量检测器分波段进行辐射通量检测，被测目标散射后的反射光由光通量探测器接收。在光谱测量过程中，探测器可以围绕样品旋转平台进行圆周运动，实现 0°～360°范围的探测。目标测量和数据采集处理均由计算机系统自动完成。下面对涉及的实验装置及装置参数进行简单介绍。

（1）暗室

测量环境为北京环境特性研究所制造的标准光学暗室，如图 2 - 15 所示。暗室为全封闭设计，无其他杂散光进入，且仪器和墙壁表面均涂有消光漆，使得墙面与仪器的反射率小于 3%，暗室尺寸为 800 mm×950 mm×1 050 mm。暗室可以实现对杂散光的消除、对背景光的高程度吸收，从而保证了实验系统的测量精度。

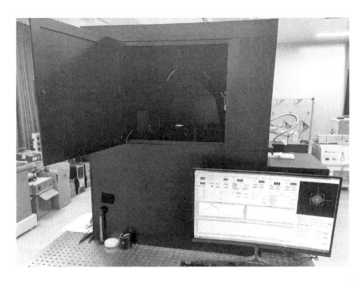

图 2 - 15　光学暗室

（2）光源系统

光源系统主要包括由北京环境特性研究所提供的卤素灯光源、聚光碗、光阑和电源等部件。可调电源为卤素灯供电以实现灯的电流调节，聚光碗对入射光进行聚焦，其中，光源系统中的卤素灯位于运动平台的机械臂上，其平行光照射的中心位置与平台上摆放的电池样片的中心重合；而光阑可以限制入射光源的光斑尺寸，使光源完整地照射样片表面，减少测量过程中平台或垫片的反射光对探测器接收光学信息造成的干扰。

卤素灯选用 OSRAM 公司的 150 W 单端无反光罩低电压卤素灯，该型号卤素灯具有发光体尺寸小，较标准灯具的照明效率提高 10% 的优点。灯具的填充气体为氙，具有可调光性能，光谱范围 400～1 700 nm。卤素灯通过可调节的稳流电源驱动，具有良好的工作稳定性。考虑到遮光与散热问题，光源系统中配备风扇及带有散热翅片的遮光筒等部件，实现了光源系统的杂散光滤除和自然散热。

（3）三维平台运动系统

三维平台运动系统主要包括由广州恒洋电子科技有限公司提供的 HM‑PPM‑2 型旋转平台（图 2‑16）和昆山意达高电子有限公司提供的 MTT130‑K‑30‑N 型旋转平台（图 2‑17），并通过计算机控制仪器的运动。电池样片水平摆放在旋转平台上，由于探测器接收到的光学信息与光源的入射角、方位角和探测器的接收角、接收方位角、波长等多个因素相关，为简化测量几何模型，将光源与探测器约束在同一平面内，此时散射光谱的测量几何模型仅与光源的入射角、探测器的接收角、波长及光谱相对强度因素相关。

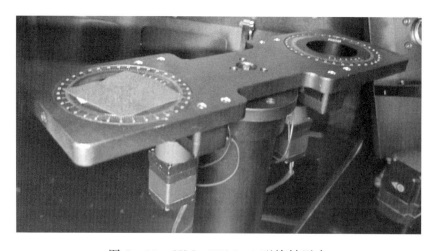

图 2‑16　HM‑PPM‑2 型旋转平台

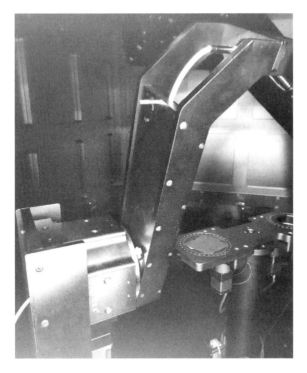

图 2 - 17　MTT130 - K - 30 - N 型旋转平台

（4）测量系统

　　测量系统包括两个具有不同光谱响应范围的光谱仪，可以得到从可见光到中近红外的光谱信息。由于分子内部的运动包括电子相对原子核的运动、原子在平衡位置的振动和分子绕自身重心的转动[5]，对应的能级和谱段如表 2 - 8 所示。

表 2 - 8　分子内部运动特性

运动类型	能级	能级间能量差	光谱谱段
电子相对原子核的运动	电子能级	ΔE_e：1～20 eV	紫外-可见光光谱
原子在平衡位置的振动	振动能级	ΔE_v：0.05～1 eV	中近红外光谱
分子绕自身重心的转动	转动能级	ΔE_r：0.005～0.05 eV	远红外光谱

如表 2-8 和图 2-18 所示，由于 $\Delta E_e > \Delta E_v > \Delta E_r$，因此通常在振动能级跃迁时，也伴有转动能级跃迁；在电子能级跃迁时，也伴有振动能级跃迁和转动能级跃迁，反之则不成立。由于三结砷化镓电池的形态为固体，其形成的光谱可以归为固体光谱[5]。由于固体没有通常意义下的分子转动，因此无法形成远红外光谱。而近红外光谱是由分子振动能级跃迁产生的振动光谱，在物质产生可见光光谱时，会同时产生近红外光谱。因此，本实验选择了可见光和近红外谱段（400～1 200 nm）的光谱对辐照前后太阳能电池的表面散射光谱特性进行分析。对于可见光谱段和近红外谱段分别采用两种光谱仪进行测量。光谱仪性能参数如下。

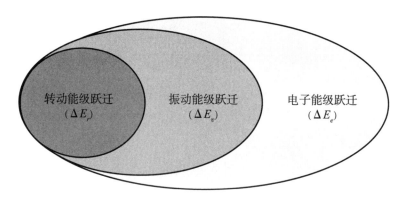

图 2-18　分子内部运动能级差关系

① FX2000 型光谱仪

为了对可见光谱段的电池散射光谱进行分析，实验中采用了上海复享光学股份有限公司的 FX2000 型光谱仪，并通过 mini-USB 将光谱信息传输至计算机。该仪器性能参数如表 2-9 所示。

表 2 - 9　FX2000 型光谱仪性能参数

参数	数值
尺寸/(mm×mm×mm)	$128(L)\times90(W)\times27(H)$
响应谱段/nm	380～960
波长分辨率/nm	最高 0.1
光学分辨率/nm	最高 0.24（FWHM）
探测器	Sony,ILX554,2 048 像素
光学平台	焦距 $f=72.5$ mm,对称非交叉 C - T 光路
积分时间	1 ms～60 s
信噪比	饱和时 250∶1
杂散光	＜0.1%（测量波长为 600 nm）

② NIR17 型光谱仪

为了对近红外谱段的电池散射光谱进行分析，实验中采用了上海复享光学股份有限公司的 NIR17 型光谱仪，该仪器性能参数如表 2 - 10 所示。

表 2 - 10　NIR17 型光谱仪性能参数

参数	数值
响应谱段/nm	900～1 700
波长分辨率/nm	最高 3.1
光学分辨率/nm	最高 4.7
探测器	Hamamatsu,G9203
光学平台	焦距 $f=100$ mm,对称非交叉 C - T 光路
积分时间	1 ms～15 s
信噪比	15 000∶1

（5）控制与数据记录系统

控制与数据记录系统主要由光谱仪和平台驱动软件以及控制系统组成，实现了光谱的连续采集。

2.2.3　实验数据分析方法

在实验中研究了不同测量几何模型以及不同能量激光辐照损伤条件下，三结砷化镓太阳能电池的散射光谱特性。在对原始光谱数据进行平滑滤波等预处理后，可以得到所需的光谱反射率和光谱 BRDF 等光谱特征参数，从而对辐照损伤电池散射光谱特性的变化进行分析。

（1）光谱数据预处理

由于实验中测量的光谱数据受到目标表面的结构、背景噪声、测量仪器传递函数[6]、光的散射和光谱的叠加等多个因素的影响[7]，原始数据中存在大量噪声。在对电池表面散射光谱进行分析前，通常需要对数据进行预处理。散射光谱预处理方法包括平滑滤波、标准归一化、最大最小归一化等方法。在实际应用中，需要选取准确有效的方法以得到所需的光谱信息。例如，平滑滤波可用于消除原始信息噪声；归一化可以削弱光谱相对强度的影响，分析光谱微弱的变化，凸显光谱的特征等[7]。在分析辐照损伤电池的散射光谱信息时，需要对散射光谱数据进行预处理。常用的光谱数据预处理方法如下。

①平滑滤波方法

平滑滤波方法可以降低原始信号中的噪声，增加光谱信号中的信噪比。在使用平滑滤波处理后的散射光谱数据进行特征参数计算和研究时，由于减弱了随机误差的影响，该方法提高了分析结果的稳定性和准确性，因此计算的效果一般优于原始数据。

②标准归一化方法

标准归一化方法（Standard Normal Variation，SNV）可以消除实验中测量目标自身因素对散射光谱的影响，其计算过程如式（2-3）所示，将原数据中每个波长的数据减去整体的平均值，然后除以该数据集的标准差。

$$x_{\lambda,\mathrm{mean}} = \frac{x_\lambda - \overline{x_\lambda}}{s_\lambda} \qquad (2-3)$$

式中，x_λ 为样品原始数据中的各项光谱相对强度值；$\overline{x_\lambda}$ 为样品在测量谱段范围内取得的平均值；s_λ 为样品在测量谱段范围内的光谱强度标准差。

③最大最小归一化方法

最大最小归一化（Max-Min-Nor，MMN）方法，也称离差归一化方法，是对原始数据的线性变换，可以消除数据尺度差异过大带来的不良影响，使结果值映射到 ［0～1］ 之间，其计算过程如式（2-4）所示。

$$x_{\lambda,\mathrm{guiyi}} = \frac{x_\lambda - x_{\lambda,\min}}{x_{\lambda,\max} - x_{\lambda,\min}} \qquad (2-4)$$

式中，x_λ 为样品原始数据中的各项光谱相对强度值；$x_{\lambda,\min}$ 为样品在测量波段范围内取得的最小值；$x_{\lambda,\max}$ 为样品在测量波段范围内取得的最大值。

（2）光谱数据分析方法

在对原始光谱信息进行数据处理后，可以得到有效的散射光谱数据。为了研究激光辐照损伤三结砷化镓太阳能电池的散射光谱特征，需要在处理后的数据基础上作进一步分析，通过计算光谱反射率、光谱 BRDF 等特征参数，对辐照损伤电池的散射光谱进行分析。其中，散射光谱的测量模型如图 2-19 所示。

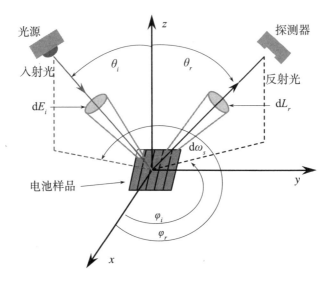

图 2 - 19　散射光谱测量模型

如图 2 - 19 所示，图中 θ 和 φ 分别表示天顶角和方位角，下标 i 和 r 分别表示入射光和反射光，$d\omega_s$ 为探测器的探测角，dE_i 和 dL_r 分别表示单位面积上入射光的辐照度和反射光的辐亮度。在对目标表面散射光谱特性进行分析时，常用的特征参数如下。

①光谱反射率

光谱反射率是目标表面的固有属性，描述了目标表面在各波长下对光谱能量的反射比率，是反映目标表面的材质特点和光学特性的参数[8-10]。在分析目标表面的物理属性时，光谱反射率作为不随环境的光照条件、观测角度和距离变化的参数，是常使用的特征参数[11]。其计算过程如式（2 - 5）所示，可以用探测到的样品目标和标准板的光谱信息进行计算[8]。

$$\rho = \frac{\Phi_r(E_i, \theta_i, \varphi_i, \theta_r, \varphi_r, \lambda)}{\Phi_i(\theta_i, \varphi_i, \lambda)} \rho_{\text{standard}} = \frac{\text{DN}_{\text{material}}}{\text{DN}_{\text{standard}}} \rho_{\text{standard}} \qquad (2 - 5)$$

式中，ρ 为测量几何模型 $(\theta_i，\varphi_i，\theta_r，\varphi_r)$ 下的光谱相对反射率；$\Phi_i(\theta_i，\varphi_i，\lambda)$ 为入射光的光谱信息；$\Phi_r(E_i，\theta_i，\varphi_i，\theta_r，\varphi_r，\lambda)$ 为反射光的光谱信息；E_i 为入射光的辐照度；θ_i 和 φ_i 为入射光的天顶角和方位角；θ_r 和 φ_r 为反射光的天顶角和方位角；λ 为光的波长；$DN_{standard}$ 为探测器测量的标准板光谱原始灰度（Digital Number，DN）；$DN_{material}$ 为探测器测量的目标光谱灰度；$\rho_{standard}$ 为标准板的光谱相对反射率。

当采用常规的聚四氟乙烯（F4）压制的白板作为标准板时，白板在紫外、可见和近红外谱段均有着良好的反射特性，光谱相对反射率在 350～1 800 nm 波段高达 99%[12]，在运算时可将其视为 1。

由于光谱反射率描述的比率信息，通常相对反射率的值分布在区间 [0～1] 之内[11]。然而在实际测量过程中，如图 2 - 20 所示，由于标准聚四氟乙烯白板的表面反射模型为漫反射模型，与三结砷化镓太阳能电池的镜面反射模型存在差异。在测量白板的光谱信息时，在入射光源强度一定的情况下，漫反射模型中测量的光谱强度要远小于镜面反射模型，最终导致计算的电池相对反射率无法固定在 [0～1] 区间。

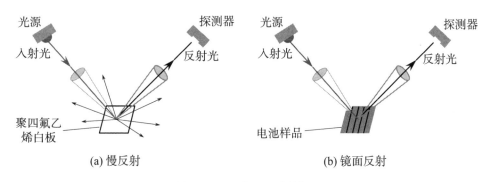

(a) 慢反射　　　　　　　　　(b) 镜面反射

图 2 - 20　表面反射模型

②双向反射分布函数（BRDF）

双向反射分布函数（BRDF）是一个基于辐射度学、在几何光学的基础上描述目标表面空间反射特性的物理量，与被测材料的表面粗糙度、照射波长以及测量几何模型等因素相关[13]。该概念最早由美国学者 Nicodemus 于 1965 年提出[14]。其定义的测量几何模型如图 2 - 20 所示。Nicodemus 将双向反射分布函数 f_r 定义为光辐射的反射辐亮度 dL 与入射辐照度 dE_i 的比值，即：

$$f_r(\theta_i, \varphi_i, \theta_r, \varphi_r, \lambda) = \frac{\mathrm{d}L_r(E_i, \theta_i, \varphi_i, \theta_r, \varphi_r, \lambda)}{\mathrm{d}E_i(\theta_i, \varphi_i, \lambda)} \qquad (2-6)$$

因此，BRDF 的物理含义是：来自光源方向的表面辐照度的微增量与其所引起的特定方向上反射的辐亮度增量之间的比值的倒数。当被测材料与标准板在相同入射光辐照面积以及相同探测角度下被观测时，被测材料的双向反射分布函数可以用探测到的样品目标和标准板的光谱信息以及标准板的光谱反射率进行计算。

为了降低实验系统的搭建难度，实验中简化了模型，选择了构建一个系统平面内的测量系统，此时只需考虑天顶角 θ 变化时的测量情况。简化后的光谱 BRDF 计算式为：

$$f_r(\theta_i, \theta_r, \lambda) = \frac{\Delta L_r(E_i, \theta_i, \theta_r, \lambda)}{\Delta E_i(\theta_i, \lambda)} \qquad (2-7)$$

其中，无限小的变量已被有限值取代；由于光谱数据的采集仅限于一个平面，只有两个角度（入射角 θ_i 和反射角 θ_r），用于描述照明和观测几何。由式（2 - 7）可知，此时 BRDF 计算式的分子为反射光的辐亮度，可表示为：

$$\Delta L_r(E_i, \theta_i, \theta_r, \lambda) = \frac{\Delta \Phi_r(E_i, \theta_i, \theta_r, \lambda)}{\cos(\theta_r) \Delta A_r \Delta \omega_s} \qquad (2-8)$$

式中，$\Delta \Phi_r(E_i, \theta_i, \theta_r, \lambda)$ 为反射光光通量；ΔA_r 为入射通量辐射面

积；$\Delta\omega_s$ 为探测器参数视场角 FOV。入射光的辐照度 $\Delta E_i(\theta_i,\lambda)$ 可化为：

$$\Delta E_i(\theta_i,\lambda)=\frac{\Delta\Phi_i(\theta_i,\lambda)}{\Delta A_r} \qquad (2-9)$$

式中，$\Delta\Phi_i(\theta_i,\lambda)$ 为入射光的光通量。此时根据式（2-8）和式（2-9），可将式（2-7）化为：

$$\begin{aligned}
f_r(\theta_i,\theta_r,\lambda)&=\frac{\Delta L_r(E_i,\theta_i,\theta_r,\lambda)}{\Delta E_i(\theta_i,\lambda)}\\
&=\frac{\Delta\Phi_r(E_i,\theta_i,\theta_r,\lambda)}{\cos(\theta_r)\Delta A_r\Delta\omega_s}\frac{\Delta A_r}{\Delta\Phi_i(\theta_i,\lambda)} \qquad (2-10)\\
&=\frac{\Delta\Phi_r(E_i,\theta_i,\theta_r,\lambda)}{\Delta\Phi_i(\theta_i,\lambda)\cos(\theta_r)\Delta\omega_s}
\end{aligned}$$

其中，入射光通量 $\Delta\Phi_i(\theta_i,\lambda)$ 是通过将入射光的测量信号 $S_0(\lambda)$ 除以曝光时间 $t_{\exp(0)}$ 得到的：

$$\Delta\Phi_i(\theta_i,\lambda)=\frac{S_0(\lambda)}{t_{\exp(0)}} \qquad (2-11)$$

而反射光通量 $\Delta\Phi_r(E_i,\theta_i,\theta_r,\lambda)$ 是通过将从样品反射光的测量信号 $S_r(E_i,\theta_i,\theta_r,\lambda)$ 除以曝光时间 $t_{\exp(r)}$ 得到的：

$$\Delta\Phi_r(E_i,\theta_i,\theta_r,\lambda)=\frac{S_r(E_i,\theta_i,\theta_r,\lambda)}{t_{\exp(r)}} \qquad (2-12)$$

由式（2-11）和式（2-12）可将式（2-10）化为[2]：

$$\begin{aligned}
f_r(\theta_i,\theta_r,\lambda)&=\frac{\Delta\Phi_r(E_i,\theta_i,\theta_r,\lambda)}{\Delta\Phi_i(\theta_i,\lambda)\cos(\theta_r)\Delta\omega_s}\\
&=\frac{S_r(E_i,\theta_i,\theta_r,\lambda)/t_{\exp(r)}}{S_0(\lambda)/t_{\exp(0)}\cos(\theta_r)\Delta\omega_s} \qquad (2-13)\\
&=\frac{\mathrm{DN}_{\mathrm{material}}/t_{\exp(r)}}{\mathrm{DN}_{\mathrm{standard}}/t_{\exp(0)}\cos(\theta_r)\Delta\omega_s}
\end{aligned}$$

式中，$S_0(\lambda)$ 为入射光的测量信号；$S_r(E_i，\theta_i，\theta_r，\lambda)$ 为样品反射光的测量信号；$t_{\exp(0)}$ 为入射光的曝光时间（积分时间）；$t_{\exp(r)}$ 为反射光的曝光时间（积分时间）；$\Delta\omega_s$ 为探测器视场角 FOV，为仪器固有参数；θ_r 为目标表面反射光与样品表面法线方向的夹角。实验中 $t_{\exp(0)}$、$t_{\exp(r)}$、$\Delta\omega_s$ 和 θ_r 参数均为常数，由式（2-5）和式（2-13）可知，光谱反射率曲线和光谱 BRDF 曲线仅存在幅值上的差异，曲线内的光谱特征基本一致。

2.3　本章小结

本章内容包括太阳能电池激光辐照损伤特性实验系统和太阳能电池激光损伤散射光谱特性分析实验系统的构建。主要介绍了三结砷化镓太阳能电池的温度特性、电特性、电致发光特性以及散射光谱特性的测量仪器和测量方法，以及反映电池损伤情况的特性参数，如短路电流 I_{sc}、开路电压 V_{oc}、最大功率 $P_{\max}$、温度 K、光谱反射率以及光谱 BRDF 等。通过构建的实验系统，可以得到激光辐照对光电电池损伤特性和散射光谱特性的影响，为分析激光辐照电池损伤特性和散射光谱特性奠定了实验基础。

参 考 文 献

［1］ 杨欢 . 光纤连续激光辐照对三结 GaAs 太阳电池性能参数的影响［D］. 南京：南京理工大学，2017.

［2］ BÉDARD D，WADE G A，ABERCROMBY K. Laboratory characterization of homogeneousspacec raft materials［J］. Journal of Spacecraft and Rockets，2015（4）：1038 － 1056.

［3］ 李鹏，李智，徐灿，等 . 基于薄膜干涉理论的三阶砷化镓电池散射光谱研究［J］. 光谱学与光谱分析，2020（10）：3092 － 3097.

［4］ 徐实学 . 材质表面散射光偏振特性分析用于空间目标探测的研究［D］. 南京：南京理工大学，2011.

［5］ 徐灿，张雅声，赵阳生，等 . 空间目标光谱特性研究进展［J］. 光谱学与光谱分析，2017（03）：672 － 678.

［6］ 李龙 . 基于神经网络的散射光谱分类识别的研究［D］. 长春：长春理工大学，2016.

［7］ 吴强 . 激光辐照对太阳能电池表面散射特性的影响［D］. 长春：长春理工大学，2017.

［8］ 李鹏，李智，徐灿，等 . 基于薄膜干涉理论的三阶砷化镓电池散射光谱研究［J］. 光谱学与光谱分析，2020（10）：3092 － 3097.

［9］ 第五鹏瑶，卞希慧，王姿方，等 . 光谱预处理方法选择研究［J］. 光谱学与光谱分析，2019（09）：2800 － 2806.

［10］ 陈颖，许扬眉，邸远见，等 . 多光谱数据融合和 GANs 算法的 COD 浓度

预测 [J]. 光谱学与光谱分析，2021 (01)：188 - 193.

[11] 卢德俊. 基于局部加权回归的光谱反射率重建算法研究 [D]. 广州：华南农业大学，2018.

[12] 刘文清，张玉钧，谢品华，等. 多波长照射下聚四氟乙烯漫反射板的角散射分布特性 [J]. 中国激光，2000 (07)：633 - 637.

[13] 陆旭，李龙，孟令鹏，等. 平滑与褶皱表面目标的散射光谱的研究 [J]. 科技创新与应用，2017 (01)：63 - 64.

[14] NICODEMUS F E. Directional reflectance and emissivity of an opaque surface [J]. Applied Optics，1965 (7)：767 - 775.

第3章 纳秒脉冲激光辐照电池损伤特性

本章以纳秒脉冲激光器为损伤光源，辐照光斑半径在 $300~\mu m$ 左右，开展激光垂直入射辐照三结 $GaInP_2/GaAs/Ge$ 电池和单晶 Si 电池实验，通过实验获得激光辐照后太阳能电池的形貌变化、电性能变化、电致发光变化等实验数据，并总结损伤规律，分析损伤机理。最后比较了真空环境下三结 $GaInP_2/GaAs/Ge$ 电池和单晶 Si 电池的抗纳秒脉冲激光损伤能力。

3.1 实验材料

典型三结 $GaInP_2/GaAs/Ge$ 电池如图 3-1 所示，电池表面分布有金属栅线条状电极，样品尺寸为 1 cm×1 cm。电池主要结构为表面的栅线电极、抗反射膜、$GaInP_2$ 层顶电池、GaAs 层中电池、Ge 层底电池以及底部的电极。为了接收光照，其表面将电极设计为栅线形式，以便在太阳能电池吸收光照能量的同时，栅线电极能够收集太阳能电池产生的光生载流子。

典型单晶 Si 电池如图 3-2 所示，样品尺寸为 1 cm×1 cm。电池主要结构为表面的栅线电极、抗反射膜、Si 材料组成的单结电池以及底部电极。

图 3-1　三结 GaInP$_2$/GaAs/Ge 电池样品

图 3-2　单晶 Si 电池样品

3.2　实验条件

真空舱装置由沈阳世昂真空技术有限公司制造，装置主要由机械泵、分子泵和舱体构成，如图 3-3 所示，舱体内部具有半径为 0.6 m 的光学平台，可用于光学实验研究，实验在典型真空度 10^{-3} Pa 下开展。

图 3-3　真空舱

　　实验中纳秒脉冲激光器采用北京镭宝光电技术有限公司生产的 Nd∶YAG 固体激光器，型号为 Nimma400，波长 1 064 nm，脉宽8 ns，单脉冲最大能量可达 450 mJ，参数如表 3-1 所示，实物图如图 3-4 所示。

表 3-1　纳秒脉冲激光器参数

波长/nm	脉宽/ns	能量/mJ	光斑半径/μm
1 064	8	0~450	300

图 3-4　纳秒脉冲激光器

　　如图 3-5 所示，太阳能电池的表面分布有多条金属栅线电极，太阳能电池在光照下会源源不断地产生光生载流子，为了将光生载流子利用起来形成循环电流，需要在太阳能电池的正负极通过栅线电极收集载流子，从而在正负电极导通形成电流循环通道。由于太阳能电池需要受到光照才能产生光生载流子，所以在设计表面电极时会将电极设计为栅线状，一方面能够收集载流子导通正负电极，另一方面是留有未覆盖区域方便太阳能电池吸收光照能量。由于电极栅线对太阳能电池具有重要作用，所以在研究激光辐照太阳能电池的损伤特性时，需要分别考虑激光辐照部位为非栅线部位和直接辐照栅线部位时的区别影响。

图 3-5　太阳能电池表面金属栅线电极分布

3.3　纳秒激光辐照三结 GaInP$_2$/GaAs/Ge 电池损伤特性

　　以波长 1 064 nm、脉宽 8 ns 的脉冲激光为损伤光源，在真空环境下开展了辐照三结 GaInP$_2$/GaAs/Ge 电池的电池栅线部位、电池非栅线部位的损伤实验，对辐照前后太阳能电池的电性能、表面形貌、电致发光开展测量。

3.3.1　激光辐照三结 GaInP$_2$/GaAs/Ge 电池非栅线部位损伤特性

3.3.1.1　电性能变化

本节主要研究纳秒脉冲激光辐照三结 GaInP$_2$/GaAs/Ge 电池非栅线部位的损伤影响，得到电池电性能变化情况。表 3 - 2 为不同能量密度的单脉冲激光辐照电池后，电池的电性能参数变化表，脉冲激光能量密度范围在 0~163.5 J/cm^2，电池的初始最大功率为 29 mW，随着激光能量密度的提高，电池的性能参数产生了相应的变化。具体表现为：开路电压随着激光能量密度的升高而下降，但下降幅度较小，激光能量密度达到 163.5 J/cm^2 时，电池开路电压仅下降 0.25 V；短路电流随着激光能量密度的升高无显著变化规律；最大功率随着激光能量密度的升高而下降，当激光能量密度达到 163.5 J/cm^2 时，电池仍可输出 48.3% 的功率。

表 3 - 2　激光辐照电池非栅线部位后电池电性能参数变化

能量密度/(J/cm^2)	开路电压/V	短路电流/mA	最大功率/mW
激光未辐照	2.4	14	29
3.3	2.35	14.7	27
9.2	2.3	14.6	22
19.4	2.29	17.4	19
33.6	2.3	17.4	18
66.5	2.2	17.7	16
105.5	2.19	17	16
129.5	2.15	18.8	14
163.5	2.15	18.2	14

图 3-6 和图 3-7 分别为不同激光能量密度辐照后太阳能电池的伏安特性曲线和功率电压关系曲线，伏安特性曲线和功率电压关系曲线发生了程度不同的衰减，其中激光能量密度越大，伏安特性曲线和功率电压关系曲线下降越明显。

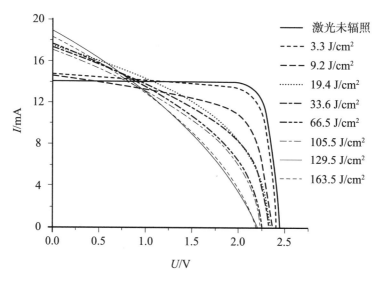

图 3-6　纳秒激光辐照三结 $GaInP_2/GaAs/Ge$ 电池非栅线部位伏安特性曲线变化

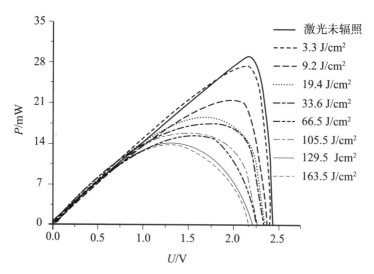

图 3-7　纳秒激光辐照三结 $GaInP_2/GaAs/Ge$ 电池非栅线部位功率电压关系曲线变化

图 3-8 为不同激光能量密度辐照后太阳能电池的开路电压变化情况。其中开路电压随着激光能量密度的增加而下降，但下降缓慢。由三结 GaInP$_2$/GaAs/Ge 电池的等效电路可知，并联电阻减小引起开路电压下降，并联电阻阻值的减小是由于激光辐照太阳能电池产生缺陷导致。

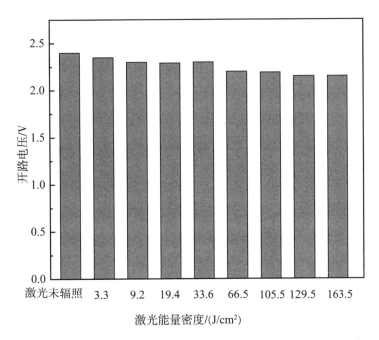

图 3-8　纳秒激光辐照三结 GaInP$_2$/GaAs/Ge 电池非栅线部位开路电压变化

图 3-9 为不同激光能量密度辐照后太阳能电池的短路电流变化情况，可以发现，短路电流随着激光能量密度的增加无显著变化规律，主要原因为：短路电流受串联电阻和禁带宽度两方面影响，一方面，激光损伤范围内的串联电阻（薄层电阻）增大，电流减小；另一方面，由于激光辐照加热，使得半导体材料膨胀或使晶格之间平均距离增大，从而导致电子能带结构以及能带宽度发生变化，导致带隙随温度升高而减小，即禁带宽度变窄，引起电流升高，这两种因素的综合影响导致短路电流无显著变化规律。

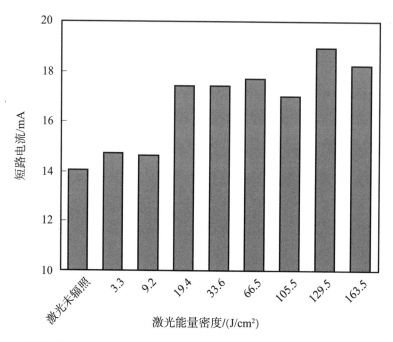

图 3-9　纳秒激光辐照三结 GaInP$_2$/GaAs/Ge 电池非栅线部位短路电流变化

图 3-10 为不同激光能量密度辐照后太阳能电池的最大功率变化情况，可以发现，尽管纳秒脉冲激光的辐照会导致三结 GaInP$_2$/GaAs/Ge 电池的电性能下降，但激光能量密度达到最大能量密度 163.5 J/cm^2 时，经过激光辐照的电池最大输出功率仍能够保持在 48.3%。

3.3.1.2　表面形貌变化

激光辐照过后电池的表面形貌变化如图 3-11 所示，可以发现，随着激光能量密度的增加，损伤区域逐渐增大。纳秒高能量密度激光辐照太阳能电池的损伤主要以热损伤为主，由于能量迅速沉积，导致光斑中心处电池材料熔融气化，在激光能量密度较高时，甚至形成了等离子体，由于激光脉冲持续时间在纳秒量级，激光脉宽远大于材料能量弛豫时间，热扩散作用显著，脉冲激光结束辐照后，烧蚀产物将

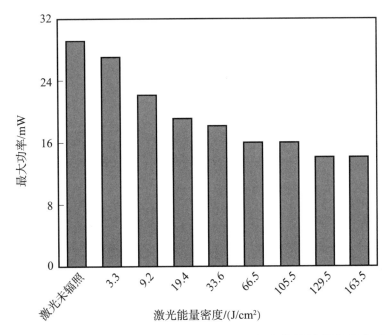

图 3 - 10　纳秒激光辐照三结 GaInP$_2$/GaAs/Ge 电池非栅线部位最大功率变化

很快由熔融状态转换到凝固状态，烧蚀产物的熔融再凝固，以及由于热扩散作用导致周围区域温度低于材料熔点而发生的氧化还原反应，共同形成了周边环状区域，中心区域为烧蚀形成的烧蚀坑，激光能量密度越高，对应烧蚀坑及周围环状区域越大。

3.3.1.3　电致发光变化

对于太阳能电池电致发光测量一般采用正向偏置 0.8～4 V 的电压[1]，本文在正向偏置电压 3 V 的条件下，使用电致发光检测相机，拍摄不同激光能量密度辐照后三结 GaInP$_2$/GaAs/Ge 电池的电致发光情况，测量电池内部损伤情况。

(a) 激光未辐照，电池原始形貌

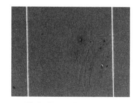
(b) 激光能量密度3.3 J/cm²
辐照后形貌变化

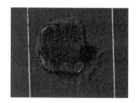
(c) 激光能量密度9.2 J/cm²
辐照后形貌变化

(d) 激光能量密度19.4 J/cm²
辐照后形貌变化

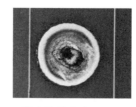
(e) 激光能量密度33.6J /cm²
辐照后形貌变化

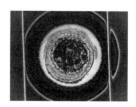
(f) 激光能量密度66.5 J/cm²
辐照后形貌变化

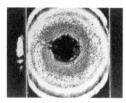
(g) 激光能量密度105.5 J/cm²
辐照后形貌变化

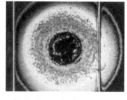
(h) 激光能量密度129.5 J/cm²
辐照后形貌变化

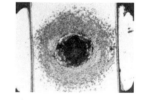
(i) 激光能量密度163.5 J/cm²
辐照后形貌变化

图 3-11　纳秒激光辐照三结 $GaInP_2/GaAs/Ge$ 电池非栅线部位形貌变化

如图 3-12 所示，采用直方图的形式，利用太阳能电池电致发光的灰度值来表示电池在不同损伤程度后的发光情况，进而来判断太阳能电池的损伤特性，图中横坐标为电致发光灰度图的灰度值，纵坐标为灰度值在图像中出现的次数，右上角为太阳能电池电致发光图像。当太阳能电池未受到损伤时，电池的发光强度最高，当电池受到损伤后，发光强度降低，灰度值分布会向左移动。

未损伤电池的电致发光情况如图由图 3-12 （a） 所示，电池电致发光图像明亮均匀。能量密度为 3.3 J/cm^2 的激光辐照后电池电致发光情况如图 3 - 12 （b） 所示，电池的发光强度并无明显变化，结合电池伏安特性变化，3.3 J/cm² 的激光辐照后电池电性能仅有轻微下降，与电致发光强度并未明显变化相对应。激光能量密度提高到 19.4 J/cm² 辐照后，电致发光如图 3 - 12 （c） 所示，电致发光图像表明太阳能电池损伤中心区域失去发光能力，且电池损伤面积较大，超过了观测到的形貌烧蚀面积，电池发光强度产生下降，直方图明显向左移动。对比太阳能电池的伏安特性变化，太阳能电池的最大输出功率下降明显；进一步提高激光能量密度，尽管烧蚀形貌观察到的中心损伤面积较大，但电致发光图像反映出整体太阳能电池影响区更大，表明电致发光图像方法可以检测到形貌检测无法检测到的区域。当激光能量密度达到 129.5 J/cm² 时，太阳能电池近乎失去电致发光能力，灰度值直方图主要分布在最左端。

通过对电致发光结果的分析，首先可以发现电池的发光强度随着激光能量密度的升高而降低。其次，电致发光图像可以观测到电池的损伤影响区，激光能量密度较低时的损伤影响区域主要分布在激光辐照部位周围，随着激光能量密度的升高，影响区域逐渐增大，直到扩散到整个电池。电致发光图像结果表明，尽管激光烧蚀的是电池表面一小块区域，但是太阳能电池较大范围内都会受到损伤影响。

为了量化比较不同激光辐照过后电池的电致发光强度变化，将同一张电致发光图中每个像素点的灰度值累加求和，得到相对发光强度，对比不同能量密度激光辐照后电池电致发光的相对发光强度，相对发光强度的关系式如下：

$$相对发光强度 = \sum (灰度值 \times 像素个数)$$

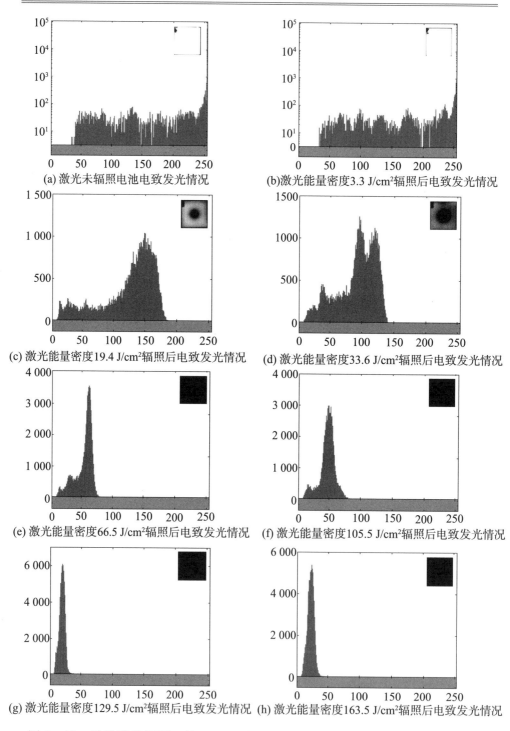

(a) 激光未辐照电池电致发光情况

(b) 激光能量密度3.3 J/cm²辐照后电致发光情况

(c) 激光能量密度19.4 J/cm²辐照后电致发光情况

(d) 激光能量密度33.6 J/cm²辐照后电致发光情况

(e) 激光能量密度66.5 J/cm²辐照后电致发光情况

(f) 激光能量密度105.5 J/cm²辐照后电致发光情况

(g) 激光能量密度129.5 J/cm²辐照后电致发光情况

(h) 激光能量密度163.5 J/cm²辐照后电致发光情况

图 3-12　纳秒激光辐照三结 GaInP₂/GaAs/Ge 电池非栅线部位电致发光变化

　　不同能量密度纳秒激光辐照三结 $GaInP_2/GaAs/Ge$ 电池非栅线部位后，电池的相对发光强度如图 3 - 13 所示，可以发现，太阳能电池的相对发光强度随着激光能量密度的升高先快速下降，随后下降速度变缓。通过对比太阳能电池的电性能变化可以发现，该趋势与电池的最大功率变化趋势相同。因此，电致发光图像检测可以在一定程度上反映电性能输出的变化趋势。

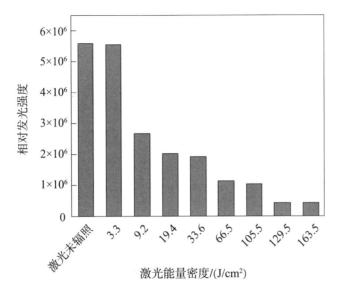

图 3 - 13　纳秒激光辐照三结 $GaInP_2/GaAs/Ge$ 电池非栅线部位相对发光强度变化

3.3.2　激光辐照三结 $GaInP_2/GaAs/Ge$ 电池栅线部位损伤特性

3.3.2.1　电性能变化

　　本节主要研究纳秒脉冲激光辐照三结 $GaInP_2/GaAs/Ge$ 电池栅线部位的损伤影响，分别以不同能量密度的单脉冲激光辐照太阳能电池的栅线部位，并开展太阳能电池的电性能变化测量。

　　表 3 - 3 为不同能量密度的单脉冲激光辐照太阳能电池后导致的

太阳能电池电性能参数变化情况。脉冲激光能量密度范围为 $0\sim$ $105.5\ J/cm^2$，太阳能电池的初始最大功率为 29 mW，随着激光能量密度的提高，电池的性能参数产生变化，具体如下：开路电压随着激光能量密度的升高而下降，能量密度为 $3.3\ J/cm^2$ 的激光辐照后开路电压无明显变化。当激光能量密度增加到 $6.5\ J/cm^2$ 时，开路电压急剧下降，开路电压直接由 2.4 V 降为 0.76 V，随着激光能量密度的升高，当激光能量密度达到 $105.5\ J/cm^2$ 时，开路电压下降到仅有 0.15 V。短路电流随着激光能量密度的升高而先增大后减小，当激光能量密度为 $9.2\ J/cm^2$ 时，短路电流升高到 16.1 mA，之后短路电流随着激光能量密度的升高而下降，在激光能量密度为 $105.5\ J/cm^2$ 时，下降到 14.5 mA；最大功率在激光能量密度超过 $3.3\ J/cm^2$ 后，最大功率随着激光能量密度的增加而剧烈下降，当激光能量密度为 $105.5\ J/cm^2$ 时，激光辐照过后太阳能电池的最大输出功率仅为 0.5 mW，可认为电池几乎完全损伤，失去光电转换能力。

表 3 - 3　激光辐照电池栅线部位后电池电性能参数变化

能量密度/(J/cm^2)	开路电压/V	短路电流/mA	最大功率/mW
激光未辐照	2.4	14	29
3.3	2.4	14.7	28.9
6.5	0.76	14.13	2.9
9.2	0.52	16.1	2.3
19.4	0.22	15.8	0.9
33.6	0.2	15	0.7
105.5	0.15	14.5	0.5

图 3 - 14 和图 3 - 15 分别为激光辐照三结 $GaInP_2/GaAs/Ge$ 电池栅线部位后的伏安特性和功率电压关系图，由图可知，激光能量密度较低时，脉冲激光辐照很难影响电池电性能，但一旦超过一定能量密

度，产生损伤效果时，电池电性能急剧下降。

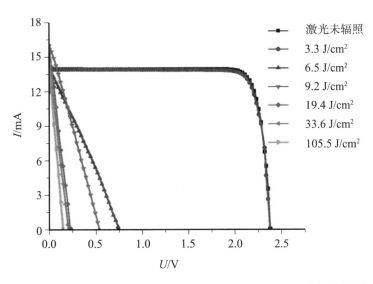

图 3 - 14　纳秒激光辐照三结 GaInP$_2$/GaAs/Ge 电池栅线部位
伏安特性曲线变化（见彩插）

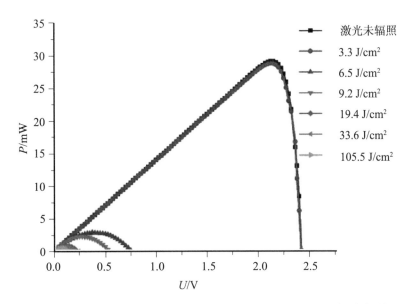

图 3 - 15　纳秒激光辐照三结 GaInP$_2$/GaAs/Ge 电池栅线部位
功率电压关系曲线变化（见彩插）

　　图 3-16 为不同激光能量密度辐照后太阳能电池的开路电压变化情况，其中开路电压随着激光能量密度的升高而急剧下降。由太阳能电池的等效电路和结构可知，并联电阻减小会引起开路电压下降，而并联电阻减小是因为激光辐照导致电池缺陷增加引起。在此基础上，激光辐照导致栅线电极熔融损伤，影响了太阳能电池载流子的收集，也会进一步导致开路电压下降。

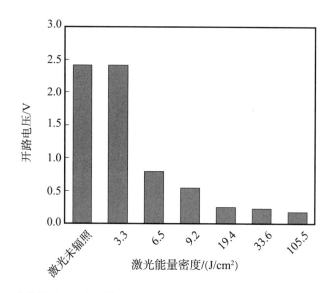

图 3-16　纳秒激光辐照三结 GaInP$_2$/GaAs/Ge 电池栅线部位开路电压变化

　　图 3-17 为不同激光能量密度辐照后太阳能电池的短路电流变化情况，短路电流随着激光能量密度增加无显著变化规律，短路电流受串联电阻、禁带宽度以及栅线电极三方面影响，激光辐照导致串联电阻增大引起电流减小；激光辐照导致禁带宽度变窄引起电流升高；激光辐照损伤栅线电极影响载流子收集引发电流减小。因此，综合来看，短路电流受多方面因素影响，其变化没有规律。图 3-18 为不同能量密度激光辐照太阳能电池后电池的最大功率变化情况，可以发现辐照

栅线电极对电池的损伤极大,能量密度 19.4 J/cm² 的激光辐照后太阳能电池的最大输出功率仅保持有辐照前的 3.1%。

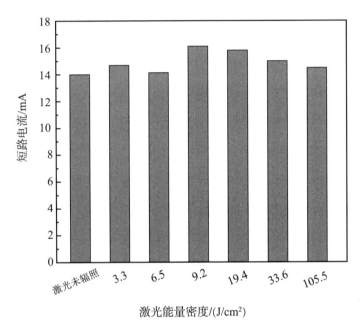

图 3-17　纳秒激光辐照三结 GaInP₂/GaAs/Ge 电池栅线部位短路电流变化

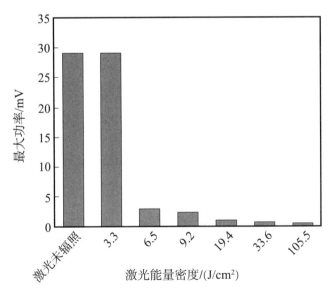

图 3-18　纳秒激光辐照三结 GaInP₂/GaAs/Ge 电池栅线部位最大功率变化

3.3.2.2　表面形貌变化

　　不同激光能量密度辐照栅线电极后电池的表面形貌如图 3－19 所示，可以发现，激光能量密度 3.3 J/cm² 辐照后，太阳能电池表面产生轻微烧蚀变化，但未产生明显损伤。进一步提高激光能量密度到 6.5 J/cm² 后，太阳能电池表面栅线附近出现小部分损伤，随着激光能量密度的升高，激光辐照导致的栅线部位烧蚀坑越来越大，并且由于材料熔融再凝固以及热扩散作用导致周围区域温度低于材料熔点而发生氧化还原反应，共同形成了周边环状区域，激光能量密度越高，对应烧蚀形成环状区域越大。

(a) 激光未辐照，电池原始形貌

(b) 激光能量密度3.3 J/cm²
辐照后形貌变化

(c) 激光能量密度6.5 J/cm²
辐照后形貌变化

(d) 激光能量密度9.2 J/cm²
辐照后形貌变化

(e) 激光能量密度19.4 J/cm²
辐照后形貌变化

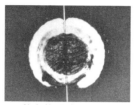

(f) 激光能量密度33.6 J/cm²
辐照后形貌变化

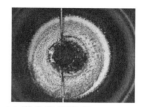

(g) 激光能量密度105.5 J/cm²
辐照后形貌变化

图 3－19　纳秒激光辐照三结 GaInP₂/GaAs/Ge 电池栅线部位形貌变化

3.3.2.3　电致发光变化

不同激光能量密度辐照三结 $GaInP_2/GaAs/Ge$ 电池栅线部位后，电池的电致发光情况如图 3 - 20 所示，激光能量密度 3.3 J/cm^2 辐照后，电致发光未产生明显变化，与电性能未明显变化相对应；激光能量密度提高到 6.5 J/cm^2 后，电致发光图如图 3 - 20（c）所示，此时太阳能电池失去电致发光能力，表现为直方图整体左移到最左端，对应电性能变化表现为最大功率产生急剧下降。进一步提高激光能量密度后，太阳能电池的电致发光图像反映的结果依然表现为灰度值极低，显然此时电致发光结果表现为损伤达到饱和。

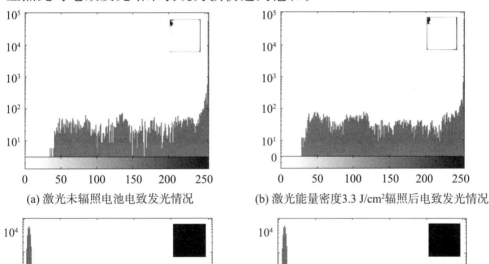

(a) 激光未辐照电池电致发光情况　　　(b) 激光能量密度3.3 J/cm²辐照后电致发光情况

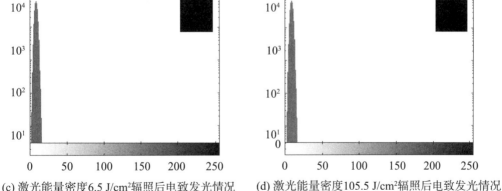

(c) 激光能量密度6.5 J/cm²辐照后电致发光情况　　　(d) 激光能量密度105.5 J/cm²辐照后电致发光情况

图 3 - 20　纳秒激光辐照三结 $GaInP_2/GaAs/Ge$ 电池栅线部位电致发光变化

不同激光能量密度辐照后电池的电致发光相对强度变化结果如图 3 - 21 所示，发光强度对激光能量密度的变化较为敏感，实验中激光能量密度达到 6.5 J/cm² 时，激光辐照后电池近乎失去电致发光能力，电致发光的下降规律与最大输出功率下降规律类似。

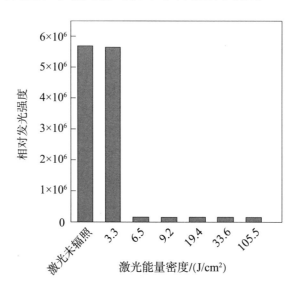

图 3 - 21　纳秒激光辐照三结 GaInP₂/GaAs/Ge 电池栅线部位相对发光强度变化

3.3.3　损伤机理总结

3.3.3.1　辐照非栅线部位损伤机理总结

当激光辐照三结 GaInP₂/GaAs/Ge 电池表面非栅线部位时，波长 1 064 nm 脉冲激光对三结 GaInP₂/GaAs/Ge 电池的损伤示意图如图 3 - 22 所示，由于波长 1 064 nm 激光的光子能量小于顶电池 GaInP₂ 和中电池 GaAs 的禁带宽度，无法产生光电响应，大部分光子能量穿过 GaInP₂ 和 GaAs，由 Ge 吸收光子能量产生光电响应，Ge 材料中的电子吸收光子能量后产生跃迁，形成光生载流子，载流子吸收激光能量后与晶格耦合，晶格温度升高，最终激光能量以热的形式被 Ge 吸收，热损伤首先产生于 Ge 底电池表面，由于激光峰值功率密度高，激光能量短时间内在材料内部沉积，电池局部温度快速升高，在热传导机制下，电池不同层材料的有序掺杂被破坏掉，导致了电池性能的下降；并且 Ge 电池和 GaInP$_2$ 电池对于温度的升高极为敏感[2]，激光辐照导致的温度升高对 GaInP$_2$ 电池和 Ge 电池产生的损伤更强，降低这两结子电池对三结 GaInP$_2$/GaAs/Ge 电池电性能输出的贡献，使得电性能产生下降。

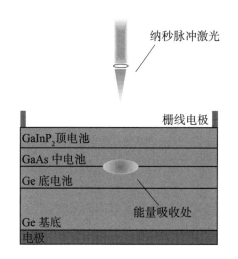

图 3-22　纳秒激光辐照损伤三结 GaInP$_2$/GaAs/Ge 电池非栅线部位示意图

3.3.3.2　辐照栅线部位损伤机理总结

当激光辐照部位聚焦于三结 GaInP$_2$/GaAs/Ge 电池栅线时，波长 1 064 nm 脉冲激光对三结 GaInP$_2$/GaAs/Ge 电池的损伤示意图如图 3-23 所示。栅线电极的主要作用是用于光生载流子的收集，当激光能量密度较高时会导致栅线熔融，一旦栅线电极熔断会降低太阳能电池对于载流子的收集效率，同时电池内部由于激光能量沉积引发温度变化产生损伤，使得激光辐照栅线部位损伤效果强于辐照非栅线部位。

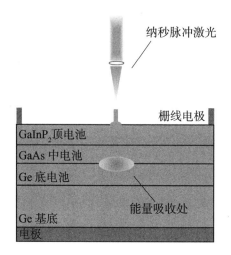

图 3 - 23　纳秒激光辐照损伤三结 $GaInP_2/GaAs/Ge$ 电池栅线部位示意图

3.4　纳秒激光辐照单晶 Si 电池损伤特性

本节激光辐照对象为单晶 Si 电池，采用的能量源为波长 1 064 nm、脉宽 8 ns 的脉冲激光器。通过选取两种典型部位：电池栅线部位和非栅线部位，开展太阳能电池损伤实验，对激光辐照后太阳能电池的电性能、表面形貌以及电致发光开展测量。

3.4.1　激光辐照单晶 Si 电池非栅线部位损伤特性

3.4.1.1　电性能变化

本节主要研究真空环境下，纳秒脉冲激光辐照单晶 Si 电池非栅线部位时的电性能影响，在激光辐照部位不变的条件下，分别以不同激光能量密度以及不同脉冲数目为变量，研究了激光辐照下单晶 Si 电池的电性能变化。

实验结果如表 3 - 4 所示，当单脉冲激光能量密度范围在 0～163.5 J/cm^2 时，随着激光能量密度的升高，单晶 Si 电池的相关电性能参数略微下降。在最大激光能量密度下，开展多脉冲激光辐照同一个部位的损伤实验，实验发现，随着激光脉冲数目的增加，单晶 Si 电池的电性能开始下降，但下降并不剧烈，16 个连续脉冲辐照过后，单晶 Si 电池仍保持有大部分输出功率，各电性能参数变化较小。

表 3 - 4　激光辐照后电池电性能参数变化

单脉冲激光能量密度/(J/cm²)	脉冲数目/个	开路电压/V	短路电流/mA	最大功率/mW
激光未辐照		0.54	25	10.1
51.3	1	0.54	25.1	9.7
104.7	1	0.54	25	9.4
163.5	1	0.53	24.9	9.1
163.5	2	0.53	24.7	8.9
163.5	4	0.53	24.7	8.5
163.5	8	0.53	24.8	8.1
163.5	16	0.52	24.9	7.6

图 3 - 24 和图 3 - 25 分别为不同激光能量密度和不同激光脉冲数目辐照后，电池的伏安特性曲线和功率电压关系曲线，激光辐照后伏安特性曲线和功率电压关系曲线发生一定衰减，其中激光能量密度和激光脉冲数目越大，伏安特性曲线和功率电压关系曲线下降越明显。

图 3 - 26 为不同激光能量密度和不同激光脉冲数目辐照后电池的开路电压变化情况，其中开路电压随着激光能量密度和脉冲数目的增加略微下降，尽管激光辐照会导致电池材料产生缺陷，减小并联电阻，但单晶 Si 电池表现出良好的抗损伤能力。

图 3 - 27 为不同激光能量密度和不同激光脉冲数目辐照后电池的短路电流变化，可以发现，短路电流变化同样并不明显，表现出单晶 Si 电池良好的抗损伤能力。

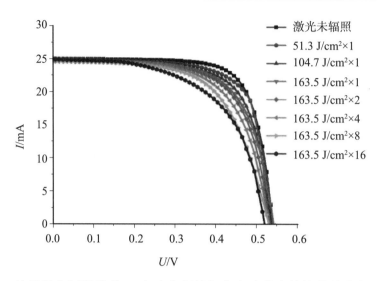

图 3 - 24　纳秒激光辐照单晶 Si 电池非栅线部位电池伏安特性曲线变化（见彩插）

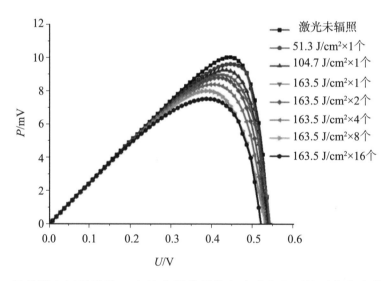

图 3 - 25　纳秒激光辐照单晶 Si 电池非栅线部位电池功率电压关系曲线变化（见彩插）

图 3 - 28 为不同激光能量密度和不同激光脉冲数目辐照后单晶 Si 电池的最大功率变化，最大功率随着激光能量密度和数目的增加而逐渐下降。在激光单脉冲能量密度 163.5 J/cm² 下，16 个脉冲辐照后电池最大功率保持在辐照前的 75.2%。

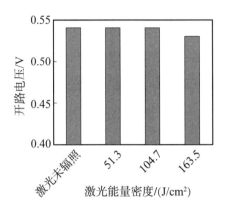

(a) 不同激光能量密度辐照后开路电压变化　(b) 单脉冲激光能量密度163.5 J/cm²下不同
激光脉冲数目辐照后开路电压变化

图 3-26　纳秒激光辐照单晶 Si 电池非栅线部位开路电压变化

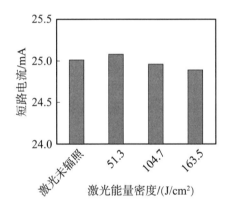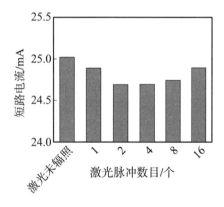

(a) 不同激光能量密度辐照后短路电压变化　(b) 单脉冲激光能量密度163.5 J/cm²下不同
激光脉冲数目辐照后开路电流变化

图 3-27　纳秒激光辐照单晶 Si 电池非栅线部位短路电流变化

3.4.1.2　表面形貌变化

图 3-29 为不同激光能量密度和不同激光脉冲数目辐照单晶 Si 电池非栅线部位的形貌变化，可以看出，在单脉冲激光辐照下，损伤区域随着激光能量密度的增加而增大，由开始的轻微损伤到损伤区域逐渐增大，具体如图 3-29（b）～（d）所示。在多脉冲激光辐照下产

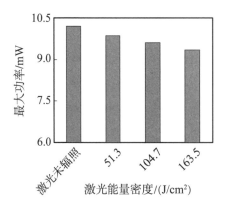

(a) 不同激光能量密度辐照后最大功率变化

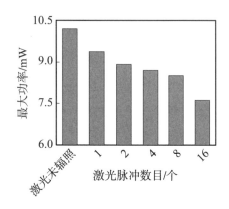

(b) 单脉冲激光能量密度163.5 J/cm²下不同
激光脉冲数目辐照后最大功率变化

图 3 - 28　纳秒激光辐照单晶 Si 电池非栅线部位最大功率变化

生明显的烧蚀坑，如图 3 - 29（e）～（g）所示。结合单晶 Si 电池的激光辐照后电性能变化，发现单晶 Si 电池出现较大烧蚀坑时，电池仍可保持较大的输出功率，表现了良好的抗损伤能力。

(a) 激光未辐照，电池
原始形貌

(b) 单脉冲激光能量密度
51.3 J/cm²辐照后形貌变化

(c) 单脉冲激光能量密度
104.7 J/cm²辐照后形貌变化

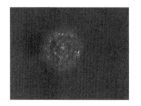

(d)单脉冲激光能量密度
163.5 J/cm²辐照后形貌变化

(e) 单脉冲激光能量密度
163.5 J/cm²下2个脉冲辐照
后形貌变化

(f) 单脉冲激光能量密度
163.5 J/cm²下4个脉冲辐照
后形貌变化

图 3 - 29　纳秒激光辐照单晶 Si 电池非栅线部位形貌变化

(g)单脉冲激光能量密度　　　　　　(h)单脉冲激光能量密度
163.5 J/cm²下8个脉冲辐照　　　　163.5 J/cm²下16个脉冲辐照
后形貌变化　　　　　　　　　　　后形貌变化

图 3 – 29　纳秒激光辐照单晶 Si 电池非栅线部位形貌变化（续）

3.4.1.3　电致发光变化

电致发光检测相机拍摄不同激光能量密度辐照后单晶 Si 电池的电致发光情况如图 3 – 30 所示，可以发现，随着激光能量密度和激光脉冲数目的增加，电致发光检测到的电池未发光区域逐渐增大，但总体而言，影响区域较小，激光辐照单晶 Si 电池的损伤影响区域仅在激光辐照部位一定范围内产生影响，图像的灰度直方图变化略微左移，变化并不显著，电致发光结果同样表明单晶 Si 电池具有良好的抗损伤能力。

不同激光能量密度辐照后电池的相对电致发光强度如图 3 – 31 所示，可以发现，电致发光强度随着激光能量密度和激光脉冲数目的升高而下降，说明随着激光能量密度以及激光脉冲数目的增加，电池内部出现损伤，损伤直接导致载流子寿命减小，电致发光强度降低。

3.4.2　激光辐照单晶 Si 电池栅线部位损伤特性

本节以单晶 Si 电池表面栅线电极为激光辐照部位，开展不同激光能量密度和不同脉冲数目辐照下单晶 Si 电池的损伤特性研究，分别从电性能变化、表面形貌变化和电致发光变化为切入点开展测量。

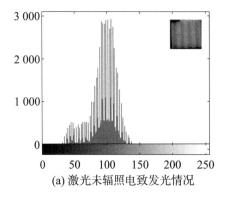

(a) 激光未辐照电致发光情况

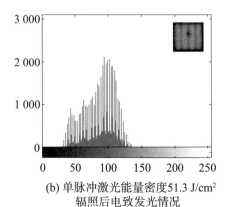

(b) 单脉冲激光能量密度51.3 J/cm²
辐照后电致发光情况

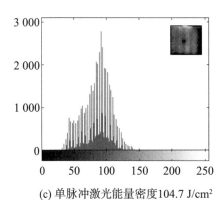

(c) 单脉冲激光能量密度104.7 J/cm²
辐照后电致发光情况

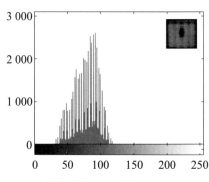

(d) 单脉冲激光能量密度163.5 J/cm²
辐照后电致发光情况

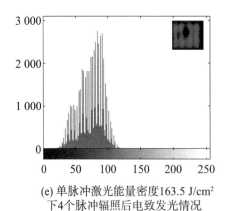

(e) 单脉冲激光能量密度163.5 J/cm²
下4个脉冲辐照后电致发光情况

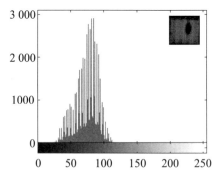

(f) 单脉冲激光能量密度163.5 J/cm²
下16个脉冲辐照后电致发光情况

图 3-30　纳秒激光辐照单晶 Si 电池非栅线部位电致发光变化

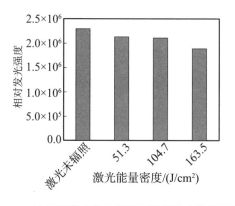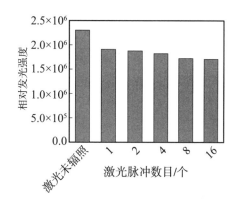

(a) 不同激光能量密度辐照后相对发光强度变化

(b) 单脉冲激光能量密度163.5 J/cm² 下不同激光脉冲数目辐照后相对发光强度变化

图 3 - 31 纳秒激光辐照单晶 Si 电池非栅线部位相对电致发光强度变化

3.4.2.1 电性能变化

表 3 - 5 为不同激光能量密度和不同激光脉冲数目辐照后单晶 Si 电池的相关电性能参数变化表，通过表中数据可以得到：激光单脉冲能量密度范围在 0～163.5 J/cm² 之间时，在单脉冲激光作用下，电池电性能参数下降不明显。为了进一步分析损伤特性，在最大激光能量密度下开展多脉冲损伤实验，随着脉冲数目的增加，脉冲数达到 16 时，最大输出功率下降 42.6%，相比于最大功率下降较多的情况，开路电压和短路电流的下降并不明显。

表 3 - 5 激光辐照后电池电性能参数变化

单脉冲激光能量密度/(J/cm²)	脉冲数目/个	开路电压/V	短路电流/mA	最大功率/mW
激光未辐照		0.54	25	10.1
5.8	1	0.54	25	10.14
7.8	1	0.54	24.5	9.1
33.6	1	0.54	23.6	9

续表

单脉冲激光能量密度/(J/cm²)	脉冲数目/个	开路电压/V	短路电流/mA	最大功率/mW
51.3	1	0.54	24.4	8.6
104.7	1	0.53	24	7.9
163.5	1	0.53	23.7	7.8
163.5	2	0.53	23.7	7.4
163.5	4	0.52	23.4	6.2
163.5	8	0.51	23.2	5.7
163.5	16	0.51	23.3	5.8

图 3-32 和图 3-33 分别为不同激光能量密度和不同激光脉冲数目辐照后电池的伏安特性曲线和功率电压关系曲线，激光辐照后伏安特性曲线和功率电压关系曲线发生了不同程度的衰减，其中激光能量密度和激光脉冲数目越大，伏安特性曲线和功率电压关系曲线衰减越明显。

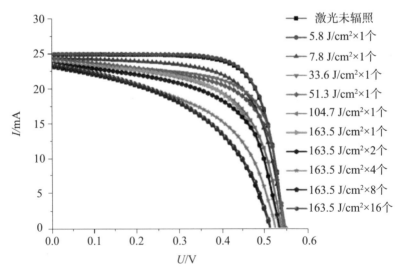

图 3-32　纳秒激光辐照单晶 Si 电池栅线部位电池伏安特性曲线变化（见彩插）

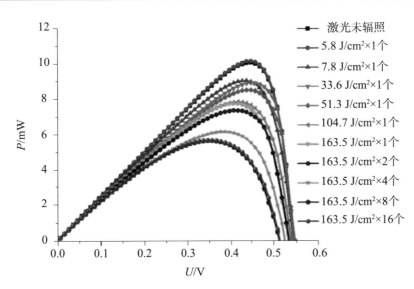

图 3 - 33　纳秒激光辐照单晶 Si 电池栅线部位电池功率电压关系曲线变化（见彩插）

图 3 - 34 为不同激光能量密度和不同激光脉冲数目辐照后电池的开路电压变化情况。在单脉冲激光辐照下，随着激光能量密度的增加，电池的开路电压变化并不明显。在激光单脉冲能量密度 163.5 J/cm^2 下，随着激光脉冲数目的增加，开路电压产生略微下降。Si 电池表现出良好的抗损伤能力。

图 3 - 35 为不同激光能量密度和不同激光脉冲数目辐照后电池的短路电流变化。单脉冲激光辐照下，短路电流随着激光能量密度增加无显著变化规律，短路电流受串联电阻、禁带宽度以及栅线电极三方面影响，激光辐照导致串联电阻增大进而引起电流减小；激光辐照导致禁带宽度变窄进而引起电流升高；激光辐照损伤栅线电极影响载流子收集进而引发电流减小。因此，综合来看，短路电流受多方面因素影响，其变化没有规律。在激光单脉冲能量密度 163.5 J/cm^2 下，随着脉冲数目的增加，短路电流下降幅度较小，说明电池已经达到短路电流的损伤饱和状态。

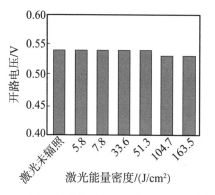

(a) 不同激光能量密度辐照后开路电压变化

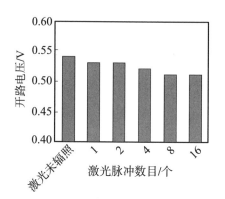

(b) 单脉冲激光能量密度163.5 J/cm²下不同激光脉冲数目辐照后开路电压变化

图 3 - 34　纳秒激光辐照单晶 Si 电池栅线部位开路电压变化

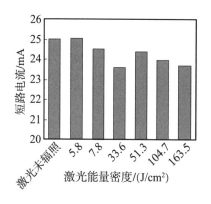

(a) 不同激光能量密度辐照后短路电流变化

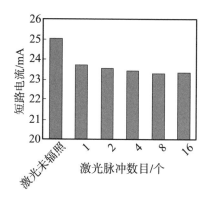

(b) 单脉冲激光能量密度163.5 J/cm²下不同激光脉冲数目辐照后短路电流变化

图 3 - 35　纳秒激光辐照单晶 Si 电池栅线部位短路电流变化

图 3 - 36 为不同激光能量密度和不同激光脉冲数目辐照单晶 Si 电池后的最大功率变化，最大功率随着激光能量密度和激光脉冲数目的增加而逐渐下降。在激光单脉冲能量密度 163.5 J/cm² 下，16 个脉冲辐照后电池最大功率保持在辐照前的 57.4%。

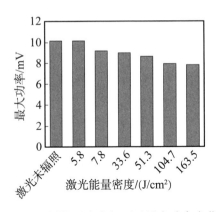

(a) 不同能量密度辐照后最大功率变化

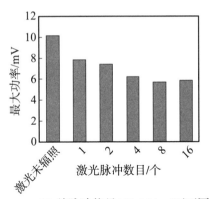

(b) 单脉冲能量163.5 J/cm² 下不同
激光脉冲数目脉冲辐照后最大功率变化

图 3 - 36　纳秒激光辐照单晶 Si 电池栅线最大功率变化

3.4.2.2　表面形貌变化

图 3 - 37 为不同激光能量密度和不同激光脉冲数目辐照单晶 Si 电池栅线部位的形貌变化，可以发现，当激光能量密度为 163.5 J/cm² 时，两个激光脉冲作用后栅线熔断；在激光能量密度 163.5 J/cm² 下连续 16 个脉冲激光辐照后导致单晶 Si 电池形成明显的烧蚀坑，在伏安特性中表现为最大功率下降显著。

3.4.2.3　电致发光变化

在正向偏置电压 3 V 的条件下，激光辐照单晶 Si 电池后，电池的电致发光情况如图 3 - 38 所示，可以发现，随着激光能量密度和激光脉冲数目的增加，电池栅线部位周围区域失去发光能力。当激光能量密度较低时，Si 电池仅激光辐照部位小范围失去发光能力，当激光能量密度较高以及激光脉冲数目较多时，电池失去发光能力范围增大，表现了更显著的损伤效果。

相对电致发光强度如图 3 - 39 所示，可以发现，相对发光强度随

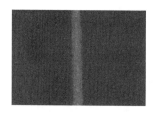

(a) 激光未辐照，电池
原始形貌

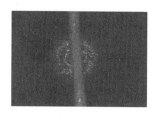

(b) 单脉冲激光能量密度
33.6 J/cm²辐照后形貌变化

(c) 单脉冲激光能量密度
51.3 J/cm²辐照后形貌变化

(d)单脉冲激光能量密度
104.7 J/cm²辐照后形貌变化

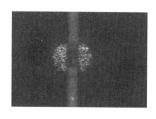

(e) 单脉冲激光能量密度
163.5 J/cm²辐照后形貌变化

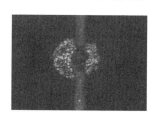

(f) 单脉冲激光能量密度163.5 J/cm²
下2个脉冲辐照后形貌变化

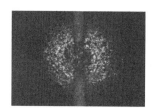

(g) 单脉冲激光能量密度
163.5 J/cm²下4个脉冲辐照
后形貌变化

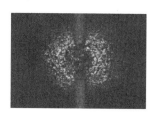

(h) 单脉冲激光能量密度
163.5 J/cm²下8个脉冲辐照
后形貌变化

(i) 单脉冲激光能量密度
163.5 J/cm²下16个脉冲辐照
后形貌变化

图 3-37 纳秒激光辐照单晶 Si 电池栅线部位形貌变化

着激光能量密度的升高而下降，当单脉冲激光作用时，随着激光能量
密度的增大，相对发光强度逐渐下降；在最大激光能量密度下，多脉
冲作用时，相对发光强度同样逐渐下降。两种情况下的相对发光强度
变化趋势与电功率变化基本相同，因此，电致发光检测同样也可从一
定程度上反映出电功率输出变化趋势。

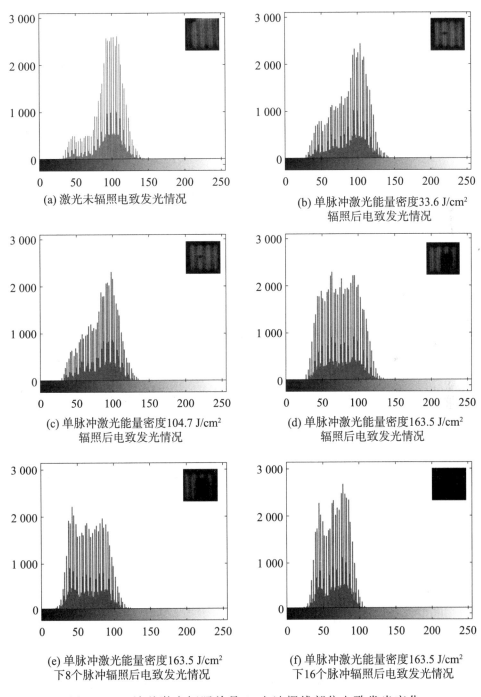

(a) 激光未辐照电致发光情况

(b) 单脉冲激光能量密度33.6 J/cm²
辐照后电致发光情况

(c) 单脉冲激光能量密度104.7 J/cm²
辐照后电致发光情况

(d) 单脉冲激光能量密度163.5 J/cm²
辐照后电致发光情况

(e) 单脉冲激光能量密度163.5 J/cm²
下8个脉冲辐照后电致发光情况

(f) 单脉冲激光能量密度163.5 J/cm²
下16个脉冲辐照后电致发光情况

图 3 - 38　纳秒激光辐照单晶 Si 电池栅线部位电致发光变化

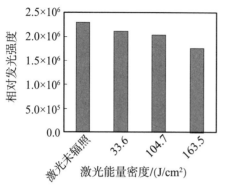

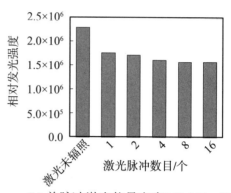

(a) 不同激光能量密度辐照后相对发光强度

(b) 单脉冲激光能量密度163.5 J/cm² 下不同激光脉冲数目辐照后相对发光强度

图 3 - 39　纳秒激光辐照单晶 Si 电池栅线部位后相对发光强度

3.4.3　损伤机理总结

3.4.3.1　辐照非栅线部位损伤机理总结

当波长 1 064 nm 激光辐照单晶 Si 电池非栅线部位时，损伤示意图如图 3 - 40 所示，由于波长 1 064 nm 激光的光子能量大于 Si 的禁带宽度，单晶 Si 电池在表面吸收光子能量，表现为面吸收，电池产生光电响应，形成光生载流子，载流子吸收激光能量后与晶格耦合，晶格温度升高，最终激光能量以热的形式被 Si 电池吸收，所以损伤首先以热损伤的形式产生于电池表面。

由于纳秒脉冲激光峰值功率极高，激光辐照中心区域温度升高，电池材料熔融、气化甚至产生等离子体，等离子体的喷射将电池表面材料溅射出去，激光辐照结束后，熔融材料的再凝固产生质量迁移形成烧蚀坑，但激光的影响作用仅在电池表面光斑处，在电池其他范围内影响作用较小。此外，电致发光结果也表明，Si 电池在激光辐照下，仅有光斑及周边区域存在损伤影响区，电池其他部位损伤较小。综上，Si 电池具有良好的抗激光损伤性能。

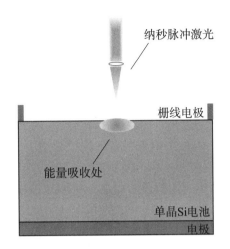

图 3 - 40　纳秒激光辐照损伤单晶 Si 电池非栅线部位示意图

3.4.3.2　辐照栅线部位损伤机理总结

当激光辐照部位辐照单晶 Si 电池栅线部位时，波长 1 064 nm 脉冲激光对单晶 Si 电池的损伤示意图如图 3 - 41 所示。激光能量一部分辐照到非栅线部位，对电池表面产生损伤，另一部分辐照到金属栅线上，栅线电极熔断会降低太阳能电池对于载流子的收集效率，当激光能量

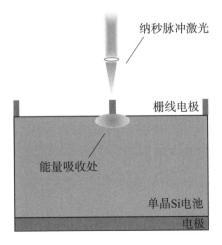

图 3 - 41　纳秒激光辐照损伤单晶 Si 电池栅线部位示意图

密度较大时，金属栅线被熔断，太阳能电池对于载流子的收集效率降低，电性能产生下降。辐照栅线部位不仅对电池半导体材料产生损伤，同时也对栅线电极产生损伤，使得激光辐照栅线部位损伤效果强于辐照非栅线部位。

3.5　损伤对比分析

3.5.1　激光辐照太阳能电池部位的损伤对比分析

3.5.1.1　三结 $GaInP_2/GaAs/Ge$ 电池损伤对比分析

表 3 - 6 为相同激光能量密度条件下，分别辐照三结 $GaInP_2/$GaAs/Ge 电池非栅线部位和栅线部位后的最大功率变化情况，当激光辐照部位为栅线时，对电池造成的损伤效果更加明显，激光能量密度 9.2 J/cm^2 辐照后，三结 $GaInP_2/GaAs/Ge$ 电池输出功率下降至 7.9%，而相同能量密度辐照非栅线部位位置时，仍可以保持 75.9% 的输出功率。当激光能量密度达到 105.5 J/cm^2 时，辐照栅线部位后的三结 $GaInP_2/GaAs/Ge$ 电池最大输出功率仅剩下 1.7%，电池几乎丧失光电转换能力，而辐照非栅线部位时，仍然保有 55.2% 的输出功率。

表 3 - 6　纳秒激光辐照三结 $GaInP_2/GaAs/Ge$ 电池
非栅线部位与栅线部位最大功率变化对比

激光能量密度/(J/cm^2)	3.3	9.2	19.4	33.6	105.5
辐照非栅线部位下降幅度/%	6.9	24.1	34.5	37.9	44.8
辐照栅线部位下降幅度/%	0.3	92.1	96.9	97.6	98.3

栅线电极的主要作用是用于光生载流子的收集，栅线电极熔断会

影响太阳能电池对于载流子的收集，所以对于三结 $GaInP_2/GaAs/Ge$ 电池来说，在真空环境下辐照栅线电极的损伤效果相比辐照非栅线部位的损伤效果更为显著。

3.5.1.2　单晶 Si 电池损伤对比分析

表 3 - 7 为相同激光能量密度与脉冲数目条件下，分别辐照单晶 Si 电池栅线部位和非栅线部位后的最大功率变化情况，通过数据对比可以发现，辐照单晶 Si 电池的损伤规律与三结 $GaInP_2/GaAs/Ge$ 电池类似，都表现为辐照栅线部位具有更强的损伤效果，主要是因为电池的栅线部位在高激光能量密度辐照下被熔断，从而影响了载流子的收集导致损伤效果更为显著。

表 3 - 7　纳秒激光辐照单晶 Si 电池非栅线部位与栅线部位最大功率变化对比

单脉冲激光能量 密度×脉冲数目/(J/cm²)×个	51.3 ×1	104.7 ×1	163.5 ×1	163.5 ×4	163.5 ×16
辐照非栅线部位下降幅度/%	4.0	6.9	9.9	15.8	24.8
辐照栅线部位下降幅度/%	14.9	21.8	22.8	38.6	42.6

3.5.2　三结 GaInP₂/GaAs/Ge 电池与单晶 Si 电池的损伤对比分析

通过本章的实验数据可以发现，在实验环境为真空环境、激光为波长 1 064 nm 纳秒脉冲激光的条件下，相比于三结 $GaInP_2/GaAs/Ge$ 电池，单晶 Si 电池具有更强的抗损伤能力。分析原因主要有以下几点：

1) 两种电池对波长 1 064 nm 激光的吸收系数以及熔化温度不同。常温下，Ge 对于波长 1 064 nm 激光的吸收系数在 $10^6\,cm^{-1}$ 量级。Si 对波长 1 064 nm 激光的吸收系数在 $10^2\,cm^{-1}$ 量级，Ge 的吸收系数远大于 Si，相同激光能量密度辐照下，Ge 的峰值温度更高，并且 Ge 的熔

化温度为 1 211 K，小于 Si 的熔化温度 1 687 K，所以三结 $GaInP_2$/
GaAs/Ge 电池比 Si 电池更容易达到熔化损伤温度。

2）两种电池结构不同。单晶 Si 电池只有单结电池，内部主要材
料为 Si 材料，结构组成单一。三结 $GaInP_2$/GaAs/Ge 电池则结构复
杂，一般由 20 层不同材料组成，任一层结构损伤都会影响太阳能电池
的输出电性能，当电池温度较高时，电池内部不同层材料相互扩散程
度加剧，影响电池结构的正常掺杂。顶层 $GaInP_2$ 电池和底层 Ge 电池
结构比较特殊，顶层 $GaInP_2$ 电池一般为 $n^+ - p^-$/$p^- - p^+$ 结构，底层
Ge 电池为减薄型 GaAs - Ge 异质界面扩散结构，这两种特殊结构对于
温度的升高极为敏感，过高的温度会损坏内部电场进而影响光生载流
子的运输，影响顶层 $GaInP_2$ 电池和底层 Ge 电池对载流子的收集能
力[2]。所以三结 $GaInP_2$/GaAs/Ge 电池由于结构复杂，比单晶 Si 电池
更容易受到损伤。

3.6 本章小结

本章在真空环境下开展了波长 1 064 nm、脉冲宽度 8 ns、脉冲激
光辐照三结 $GaInP_2$/GaAs/Ge 电池和单晶 Si 电池的损伤特性实验研
究，主要研究内容和结论如下：

1）激光辐照三结 $GaInP_2$/GaAs/Ge 电池，具有以下特点：

①当激光辐照电池非栅线部位时，电池具有较强抗损伤能力，最
大单脉冲激光能量密度 163.5 J/cm² 辐照后，电池的最大输出功率保持
在辐照前的 48.3％。表面形貌测量显示，光斑辐照中心形成明显烧蚀
坑，且烧蚀坑周围存在热扩散影响造成的环状区域，激光能量密度越
大，环状区域越大。电池电致发光图像显示电池内部损伤面积随着激

光能量的增加而增大，电致发光强度下降趋势与电池最大功率下降趋势相同。

②当激光辐照电池栅线部位时，损伤效果强于辐照非栅线部位，激光能量密度 19.4 J/cm² 辐照后，电池便几乎完全损伤。主要由于栅线电极受到激光辐照熔断导致，栅线电极主要用于收集光生载流子，熔断后电池光电转换能力显著下降。表面形貌测量显示，激光辐照后，电池栅线被熔断，且形成烧蚀损伤区域。电池电致发光图像显示，电池电性能大幅度下降后失去电致发光能力，电致发光强度的下降规律与最大输出功率下降趋势相同。

2）激光辐照单晶 Si 电池，具有以下特点：

①当激光辐照电池非栅线部位时，电池具有较强的抗损伤能力，最大单脉冲激光能量密度 163.5 J/cm² 连续辐照 16 个脉冲后，电池的最大输出功率保持在辐照前的 75.2%。电池表面形貌测量显示，电池表面出现烧蚀损伤区域，激光能量密度和激光脉冲数目越多，损伤区域越大。不同激光能量密度和激光脉冲数目辐照后，电池电致发光图像变化不明显，仅激光辐照区域小范围失去发光能力，单晶 Si 电池表现出良好的抗损伤能力。

②当激光辐照电池栅线部位时，损伤效果强于辐照非栅线部位，激光器最大激光单脉冲能量 163.5 J/cm² 连续辐照 16 个脉冲后，电池的最大输出功率下降为激光辐照前的 57.4%。主要是因为栅线电极受到激光辐照熔断降低了电池收集光生载流子能力，导致电池损伤效果比辐照非栅线部位更显著。表面形貌测量显示，高能量密度和多脉冲辐照后，电池栅线被熔断。电致发光图像显示熔断电池栅线附近区域失去发光能力。

3）三结 GaInP₂/GaAs/Ge 电池比单晶 Si 电池更容易受到损伤的

主要原因为：

①两种电池对波长 1 064 nm 激光的吸收系数不同以及两种电池结构不同。对于波长 1 064 nm 的激光，Ge 的吸收系数远大于 Si，相同激光能量密度辐照下，Ge 的峰值温度更高，所以三结 $GaInP_2/GaAs/Ge$ 电池比 Si 电池更容易达到熔化损伤温度。

②三结 $GaInP_2/GaAs/Ge$ 电池结构相比单晶 Si 电池结构更为复杂，三结 $GaInP_2/GaAs/Ge$ 电池由 20 层不同材料有序组成，温度过高会导致电池不同层材料相互渗透扩散，影响电池性能，并且顶电池和底电池结构特殊，更容易受到热损伤影响。而单晶 Si 电池结构简单，由单一 Si 材料构成，相比三结 $GaInP_2/GaAs/Ge$ 电池，单晶 Si 电池抗损伤能力更强。

参 考 文 献

［1］ 刘霄．利用电致发光检测晶硅太阳电池特性及电致发光法测定晶硅太阳电
池少子寿命［D］．上海：上海交通大学，2013．

［2］ 唐道远，徐建明，李云鹏，等．三结砷化镓太阳电池真空连续激光损伤效
应［J］．上海航天（中英文），2020，37（02）：54-60．

第 4 章　皮秒脉冲激光辐照电池损伤特性

本章以皮秒脉宽激光器为损伤光源，开展真空环境下激光垂直入射辐照三结 GaInP$_2$/GaAs/Ge 电池和单晶 Si 电池实验，通过实验得到不同重复频率下激光辐照太阳能电池后的形貌变化、电性能变化以及电致发光变化，通过实验数据得到损伤规律并分析损伤机理。

4.1　实验设计

实验在典型真空度 10^{-3} Pa 下开展，激光器主要参数为波长 1 064 nm，脉宽 15 ps，单脉冲能量 150 μJ，重复频率 0～200 kHz，辐照光斑直径约 100 μm，在一定辐照时间条件下研究不同功率皮秒脉冲激光辐照太阳能电池的损伤实验。

实验中使用的激光器为北京镭宝公司生产的 FAST30F 固态激光器，激光器通过 LD 种子泵浦激光晶体产生波长 1 064 nm 激光，波长 1 064 nm 激光再通过放大器和 AOM 调制驱动产生符合要求的脉冲激光，皮秒激光器参数如表 4 - 1 所示，实物图如图 4 - 1 所示。

表 4 - 1　皮秒激光器参数

波长/nm	脉宽/ps	能量/μJ	重复频率/kHz	功率/W
1 064	15	150	0～200	0～30

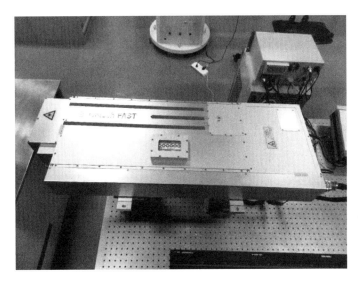

图 4-1　皮秒激光器

　　激光辐照太阳能电池材料与第 2 章相同，分为三结 GaInP$_2$/GaAs/Ge 电池和单晶 Si 电池。由于电池表面分布有金属栅线，金属栅线为太阳能电池电极，具有收集光生载流子的作用，所以实验中分别选取电池非栅线部位和栅线部位开展实验研究。

4.2　皮秒激光辐照三结 GaInP$_2$/GaAs/Ge 电池损伤特性

　　本节以波长 1 064 nm、脉宽 15 ps 的重频激光器为损伤光源，在真空环境下开展了激光辐照三结 GaInP$_2$/GaAs/Ge 电池的非栅线部位、栅线部位的损伤实验，同时对辐照太阳能电池的电性能、表面形貌以及电致发光开展测量。

4.2.1　激光辐照三结 GaInP$_2$/GaAs/Ge 电池非栅线部位损伤特性

4.2.1.1　电性能变化

　　本节主要研究不同功率的皮秒脉冲激光辐照三结 GaInP$_2$/GaAs/

Ge 电池非栅线部位，得到电池电性能变化情况。表 4-2 为激光重复频率 0~100 kHz 范围内，单脉冲能量不变，连续辐照 10 s 太阳能电池非栅线部位的电性能参数变化情况。变化具体如下：开路电压随着激光功率的升高而下降，在激光功率为 15 W 时，开路电压由未辐照时的 2.4 V 下降到最低 2.2 V，下降幅度较小；短路电流随着激光功率的升高而上升，在激光功率为 15 W 时，短路电流上升到 16.5 mA；最大输出功率随着激光功率的升高而下降，激光功率为 15 W 时，辐照后电池最大功率仅为初始的 51.7%。

表 4-2　皮秒激光辐照三结 GaInP₂/GaAs/Ge 电池非栅线部位电性能参数变化

重复频率/kHz	激光功率/W	开路电压/V	短路电流/mA	最大功率/mW
激光未辐照	激光未辐照	2.4	14	29
0.01	0.0015	2.41	14	28
0.1	0.015	2.39	14.2	24
1	0.15	2.39	14.3	21
10	1.5	2.39	15	21
25	3.75	2.3	16.3	18
50	7.5	2.21	16.5	16
100	15	2.2	16.5	15

图 4-2 和图 4-3 分别为不同功率激光辐照三结 GaInP₂/GaAs/Ge 电池非栅线部位的伏安特性曲线和功率电压关系曲线图，两种曲线随着激光功率的升高产生明显的下降。由于皮秒脉冲激光单脉冲能量较低，因此相比较于纳秒脉冲激光单脉冲作用而言，皮秒激光单脉冲很难造成电池材料的损伤，因此需要依靠脉冲的积累使材料发生宏观损伤。可以看出，激光功率越高，累积的脉冲数越多，造成的损伤越大。

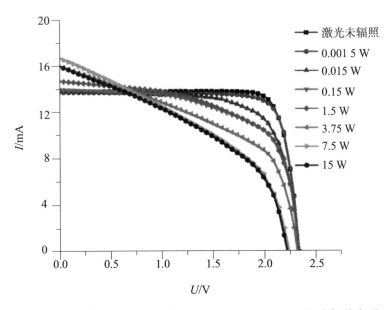

图 4-2　皮秒激光辐照三结 GaInP$_2$/GaAs/Ge 电池非栅线部位
伏安特性曲线变化（见彩插）

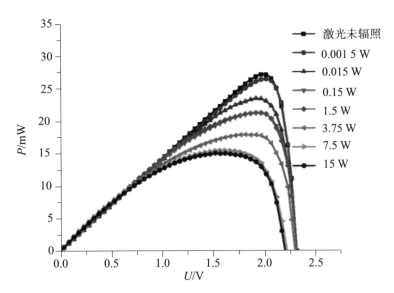

图 4-3　皮秒激光辐照三结 GaInP$_2$/GaAs/Ge 电池非栅线部位功率电压关系
曲线变化（见彩插）

图 4-4 为不同功率激光辐照三结 $GaInP_2/GaAs/Ge$ 电池非栅线部位的开路电压变化情况,可以发现,太阳能电池的开路电压随着激光功率的升高略微下降,由三结 $GaInP_2/GaAs/Ge$ 电池的等效电路可知,并联电阻减小引起开路电压下降,并联电阻减小是因为激光脉冲的积累使材料发生宏观损伤,引起电池缺陷增加,降低并联电阻,但由于激光光斑较小,因此损伤区域范围有限,导致开路电压降低幅度不大。

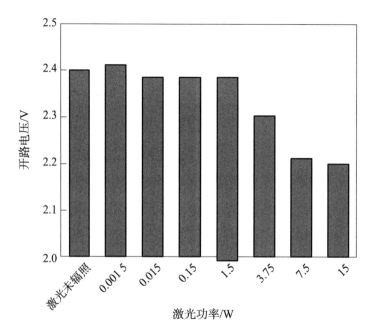

图 4-4　皮秒激光辐照三结 $GaInP_2/GaAs/Ge$ 电池非栅线部位开路电压变化

图 4-5 为不同功率激光辐照三结 $GaInP_2/GaAs/Ge$ 电池非栅线部位的短路电流变化情况,可以发现,短路电流随着激光功率的升高而略有上升。

图 4-6 为不同功率激光辐照三结 $GaInP_2/GaAs/Ge$ 电池非栅线部位的最大功率变化情况,可以发现,尽管辐照非栅线部位会导致三结 $GaInP_2/GaAs/Ge$ 电池的电性能损伤,但即使在激光功率达到最高时,

经过激光辐照后太阳能电池的最大输出功率仍然可达到未辐照前的 51.7%。

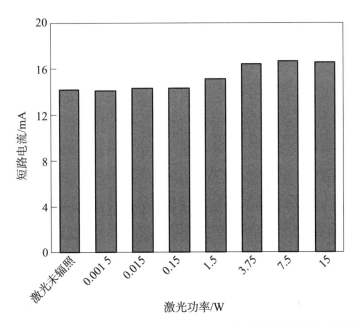

图 4 - 5　皮秒激光辐照三结 GaInP$_2$/GaAs/Ge 电池非栅线部位短路电流变化

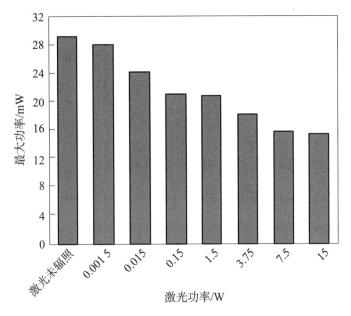

图 4 - 6　皮秒激光辐照三结 GaInP$_2$/GaAs/Ge 电池非栅线部位最大功率变化

4.2.1.2　表面形貌变化

图 4-7 为不同功率激光辐照三结 GaInP$_2$/GaAs/Ge 电池后的表面形貌变化，当高重复频率脉冲激光辐照电池时，太阳能电池的损伤程度随着激光功率的增加逐渐增强。光束中心辐照区域形成一个逐渐增大的烧蚀坑。由于激光脉宽为皮秒量级，因此形成的烧蚀坑轮廓清晰。在高重频激光脉冲作用下，由于脉冲时间间隔极短，皮秒脉宽小于能量弛豫时间，导致热量来不及扩散，大量热累积使辐照区域发生熔融喷溅。烧蚀坑周围区域由于温度低于光电材料熔点而发生氧化还原反应，形成环状致密氧化层，图中亮色区域即为上述原因导致的热影响

(a) 激光未辐照，电池原始形貌

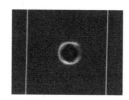

(b) 激光功率0.001 5 W辐照后形貌

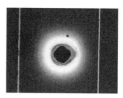

(c) 激光功率0.015 W辐照后形貌

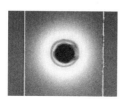

(d) 激光功率0.15 W辐照后形貌

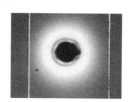

(e) 激光功率1.5 W辐照后形貌

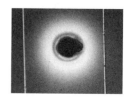

(f) 激光功率3.75 W辐照后形貌

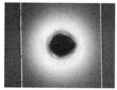

(g) 激光功率7.5 W辐照后形貌

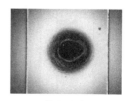

(h) 激光功率15 W辐照后形貌

图 4-7　皮秒激光辐照三结 GaInP$_2$/GaAs/Ge 电池非栅线部位形貌变化

区。在本章实验中，当激光功率大于 0.015 W 时，出现热影响区，随着功率的增高，热影响区域逐渐增大。

4.2.1.3   电致发光变化

不同功率激光辐照三结 GaInP$_2$/GaAs/Ge 电池的电致发光情况如图 4 - 8 所示，随着激光功率的增大，太阳能电池失去电致发光能力的区域面积越来越大，当激光功率为 7.5 W 时，电池几乎失去发光能力。电致发光图像结果表明，尽管激光烧蚀的是电池表面一小块区域，但是太阳能电池内部较大范围内都会受到损伤影响。

不同功率激光辐照三结 GaInP$_2$/GaAs/Ge 电池非栅线部位电池相对发光强度变化如图 4 - 9 所示，可以发现，电池的相对发光强度随着激光功率的升高而下降，与电池最大功率下降趋势接近，因此，电致发光图像检测可以在一定程度上反映电性能输出的变化趋势。

4.2.2   激光辐照三结 GaInP$_2$/GaAs/Ge 电池栅线部位损伤特性

4.2.2.1   电性能变化

本节主要研究不同功率的皮秒激光辐照三结 GaInP$_2$/GaAs/Ge 电池栅线部位，得到电池电性能变化情况。表 4 - 3 为不同功率激光辐照三结 GaInP$_2$/GaAs/Ge 电池栅线部位的电性能参数变化情况，辐照时长为 10 s，可以看出，当激光功率为 0.75 mW 时，开路电压由 2.4 V 下降到为 1.7 V；当激光功率达到 15 mW 时，开路电压下降到仅有 0.3 V；最大输出功率随着激光功率的升高而下降，激光功率为 15 mW 时，辐照过后最大功率下降为 1.7 mW，电池几乎完全损坏。

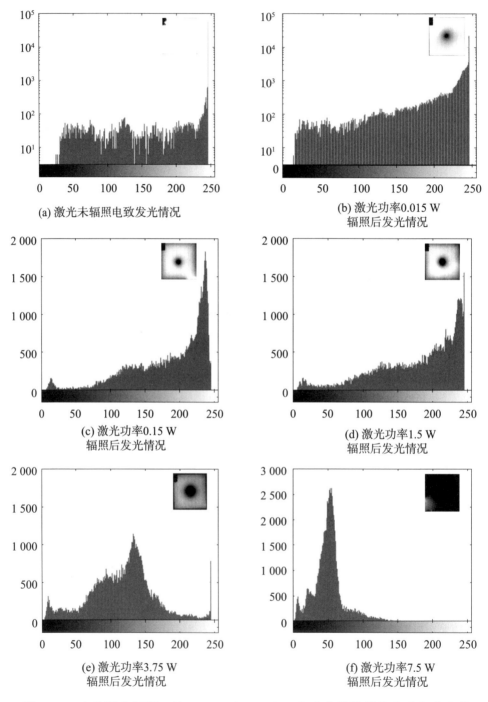

(a) 激光未辐照电致发光情况

(b) 激光功率0.015 W
辐照后发光情况

(c) 激光功率0.15 W
辐照后发光情况

(d) 激光功率1.5 W
辐照后发光情况

(e) 激光功率3.75 W
辐照后发光情况

(f) 激光功率7.5 W
辐照后发光情况

图 4-8　皮秒激光辐照三结 $GaInP_2/GaAs/Ge$ 电池非栅线部位电致发光变化

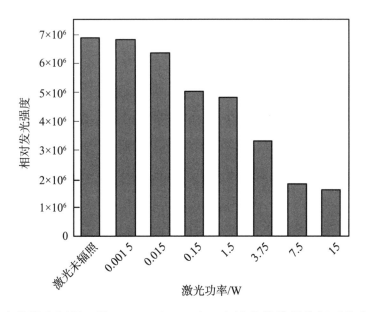

图 4 - 9　皮秒激光辐照三结 GaInP$_2$/GaAs/Ge 电池非栅线部位相对发光强度变化

表 4 - 3　皮秒激光辐照三结 GaInP$_2$/GaAs/Ge 电池栅线部位电性能参数变化

重复频率/Hz	激光功率/mW	开路电压/V	短路电流/mA	最大功率/mW
激光未辐照	激光未辐照	2.4	14	29
1	0.15	2.39	14.1	28
5	0.75	1.7	14.2	8.2
10	1.5	1.4	16.2	7
100	15	0.3	18	1.7
1000	150	0.3	16.8	1.5

　　图 4 - 10 和图 4 - 11 分别为不同功率激光辐照三结 GaInP$_2$/GaAs/Ge 电池栅线部位的伏安特性关系曲线和功率电压关系曲线，可以发现，当激光功率仅为 0.75 mW 时，辐照栅线部位便会导致曲线大幅度衰减。激光功率越高，伏安特性变化曲线和功率电压关系曲线下降越明显。

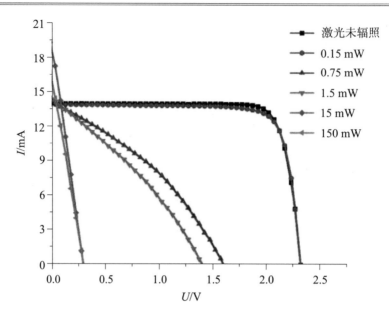

图 4 - 10　皮秒激光辐照三结 GaInP$_2$/GaAs/Ge 电池栅线部位伏安特性
曲线变化（见彩插）

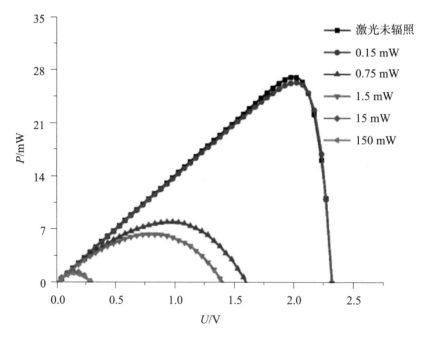

图 4 - 11　皮秒激光辐照三结 GaInP$_2$/GaAs/Ge 电池栅线部位功率电压关系
曲线变化（见彩插）

图 4 - 12 为不同功率激光辐照三结 $GaInP_2/GaAs/Ge$ 电池栅线部位的开路电压变化情况，可以发现，开路电压随着激光功率的增加而下降，主要原因为：开路电压受并联电阻以及栅线电极的影响，激光辐照导致并联电阻减小引起开路电压下降；激光辐照损伤栅线电极影响载流子收集引发电压下降，根据激光辐照非栅线部位的结论可知，由于激光光斑较小，损伤区域范围有限，导致开路电压降低幅度不大。但栅线部位一旦产生损伤，将导致电压大幅下降。因此，栅线部位的损伤对开路电压的影响更大。

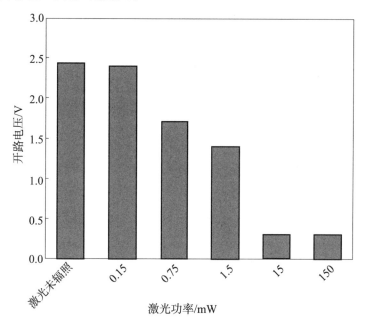

图 4 - 12　皮秒激光辐照三结 $GaInP_2/GaAs/Ge$ 电池栅线部位开路电压变化

图 4 - 13 为不同功率激光辐照三结 $GaInP_2/GaAs/Ge$ 电池栅线部位的短路电流变化情况，可以发现，短路电流随着激光功率的增加无显著变化规律，短路电流受串联电阻、禁带宽度以及栅线电极三方面影响，激光辐照导致串联电阻增大引起电流减小；激光辐照导致禁带宽度变窄引起电流升高；激光辐照损伤栅线电极影响载流子收集引发

电流减小。因此，综合来看，短路电流受多方面因素影响，其变化没有显著规律。

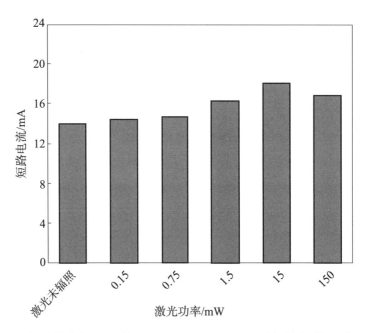

图 4-13 皮秒激光辐照三结 GaInP$_2$/GaAs/Ge 电池栅线部位短路电流变化

图 4-14 为不同功率激光辐照三结 GaInP$_2$/GaAs/Ge 电池栅线部位电池的最大功率变化情况，可以发现，最大输出功率随着激光功率的升高而减小，激光功率为 15 mW 时，辐照过后电池最大功率已接近零，电池基本完全损伤。

4.2.2.2　表面形貌变化

图 4-15 为不同功率激光辐照三结 GaInP$_2$/GaAs/Ge 电池后的表面形貌变化，激光功率为 0.15 mW 时，电池表面仅产生了轻微的损伤，损伤范围较小。随着激光功率的升高，多脉冲激光辐照产生的热累积导致烧蚀影响范围逐渐增大，电池表面的烧蚀坑越来越大，同时热影响区也逐渐增大，直至电池栅线部位发生熔断。

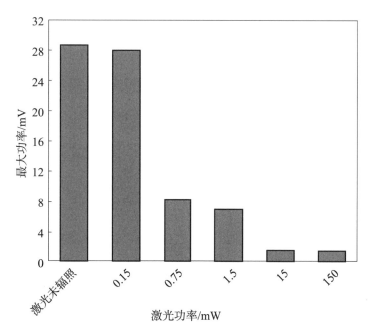

图 4-14　皮秒激光辐照三结 GaInP$_2$/GaAs/Ge 电池栅线部位最大功率变化

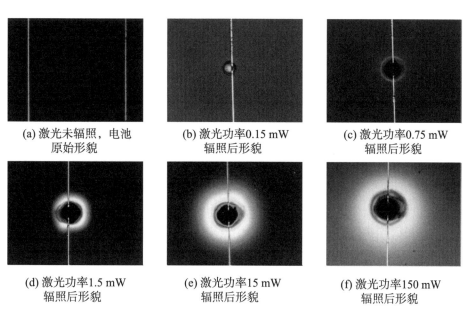

(a) 激光未辐照，电池
原始形貌

(b) 激光功率0.15 mW
辐照后形貌

(c) 激光功率0.75 mW
辐照后形貌

(d) 激光功率1.5 mW
辐照后形貌

(e) 激光功率15 mW
辐照后形貌

(f) 激光功率150 mW
辐照后形貌

图 4-15　皮秒激光辐照三结 GaInP$_2$/GaAs/Ge 电池栅线部位形貌变化

4.2.2.3　电致发光变化

三结 GaInP$_2$/GaAs/Ge 电池的栅线部位对于激光辐照极为敏感，在电致发光中表现为一旦栅线部位产生损伤，三结 GaInP$_2$/GaAs/Ge 电池的电致发光能力将大幅度下降，具体如图 4-16 所示，可以看出，仅 1.5 mW 的激光辐照后，电池几乎失去电致发光能力。

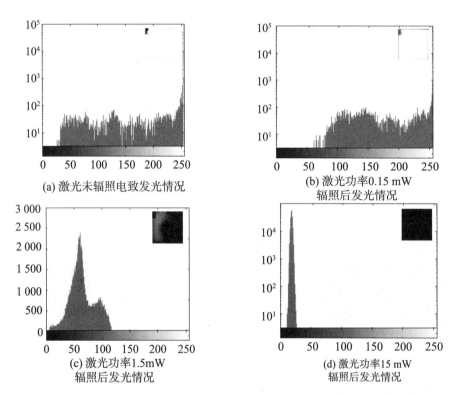

(a) 激光未辐照电致发光情况

(b) 激光功率0.15 mW 辐照后发光情况

(c) 激光功率1.5mW 辐照后发光情况

(d) 激光功率15 mW 辐照后发光情况

图 4-16　皮秒激光辐照三结 GaInP$_2$/GaAs/Ge 电池栅线部位电致发光变化

不同功率激光辐照栅线电极的相对发光强度如图 4-17 所示，可以发现，电池的相对发光强度随着激光功率的升高而急剧下降，与电池最大输出功率下降趋势相似，因此，电致发光图像检测可以在一定程度上反映电性能输出的变化趋势。

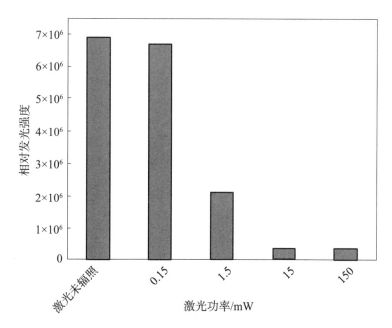

图 4 - 17　皮秒激光辐照三结 GaInP$_2$/GaAs/Ge 电池栅线相对发光强度变化

4.2.3　损伤机理总结

半导体材料对于激光的吸收机制主要为本征吸收，电子吸收光子能量产生跃迁，形成光生载流子，载流子也会吸收一部分激光能量，并通过弛豫碰撞进行能量交换，最终将能量传导到晶格，晶格温度升高，这种载流子系统与晶格的能量弛豫时间在皮秒量级，所以激光脉冲宽度在皮秒量级及以下时需要考虑载流子通过弛豫碰撞的能量交换时间。在皮秒激光作用下，半导体材料晶格的温度升高在载流子温度升高之后，即待到皮秒脉冲激光结束辐照后，激光能量大部分还处于载流子系统中[1]。

实验中皮秒激光的脉冲宽度仅为 15 ps，脉冲激光辐照结束后，激光辐照的大部分能量仍然在载流子系统中，通过弛豫碰撞将能量以热传导的形式传导到晶格从而导致电池温度的升高。实验中所用激光器单脉冲能量较低，激光辐照结束后，电池温度上升幅度较小，但是在高重频作用下，短时间内成千上万个脉冲的能量沉积使电池局部温度过高，发生熔融烧蚀损伤[2]。

4.2.3.1　辐照非栅线部位损伤机理总结

皮秒激光多脉冲辐照三结 GaInP$_2$/GaAs/Ge 电池非栅线部位的损伤示意图如图 4-18 所示，由于波长 1 064 nm 激光的光子能量小于顶电池 GaInP$_2$ 和中电池 GaAs 的禁带宽度，顶电池 GaInP$_2$ 和中电池 GaAs 无法产生光电响应，大部分光子能量穿过顶电池 GaInP$_2$ 和中电池 GaAs，由底电池 Ge 吸收光子能量并产生光电响应，Ge 材料中的电子吸收光子能量后将产生跃迁，形成光生载流子，载流子吸收激光能量后与晶格耦合，晶格温度升高，最终激光能量以热的形式被 Ge 电池吸收。

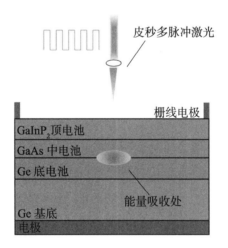

图 4-18　皮秒激光辐照损伤三结 GaInP$_2$/GaAs/Ge 电池非栅线部位示意图

由于单个皮秒脉冲的激光能量较低，且皮秒脉宽小于载流子系统与晶格的能量弛豫时间，导致热扩散作用不显著，而在多脉冲辐照模式下，脉冲之间的间隔较短，多个脉冲累积的能量最终在底部 Ge 电池处大量沉积，使太阳能电池产生热损伤。具体表现为：电池不同层之间有序掺杂结构在热作用下被破坏，降低电池性能；顶电池 $GaInP_2$ 的 $n^+ - p^-/p^- - p^+$ 结构和底电池 Ge 的减薄型 GaAs-Ge 异质界面扩散结构对温度较为敏感，在高温下发生烧蚀损伤，使电池并联电阻减小，串联电阻增大，因而电池电性能产生下降。

4.2.3.2　辐照栅线部位损伤机理总结

皮秒激光多脉冲辐照三结 $GaInP_2$/GaAs/Ge 电池栅线部位的损伤示意图如图 4-19 所示，激光能量一部分辐照到非栅线部位，对电池内部产生损伤，一部分辐照到金属栅线上。

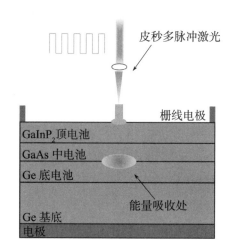

图 4-19　皮秒激光辐照损伤三结 $GaInP_2$/GaAs/Ge 电池栅线部位示意图

当激光功率较高时，激光脉冲之间的间隔时间短，脉冲数目多，导致累积在栅线电极上的能量增多，并且在真空环境下，累积热作用更加明显，除了对电池内部材料以及结构产生损伤外，也会导致金属栅线电极的熔融，金属栅线的熔断会影响太阳能电池对载流子的收集，进而影响太阳能电池电性能，使得激光辐照栅线部位损伤效果强于辐照非栅线部位。

4.3　皮秒激光辐照单晶 Si 电池损伤特性

本节激光辐照对象为单晶 Si 电池，研究不同激光功率下皮秒激光对单晶 Si 电池的损伤规律和机制。通过选取两种典型部位，即电池非栅线部位、电池栅线部位开展太阳能电池损伤实验，对辐照太阳能电池的电性能变化、表面形貌变化以及电致发光变化开展测量。

4.3.1　激光辐照 Si 电池非栅线部位损伤特性

4.3.1.1　电性能变化

本节主要研究真空环境下皮秒激光多脉冲辐照单晶 Si 电池非栅线部位的电性能影响，分别以不同激光功率辐照电池非栅线部位，辐照时长为 10 s，单脉冲激光能量保持 150 μJ 不变，对辐照电池的形貌、电性能以及电致发光开展测量，得到不同功率激光辐照下的电池损伤规律。

实验结果如表 4 - 4 所示，随着激光功率的增加，主要表现为最大功率下降明显，相比于最大功率的明显下降，开路电压和短路电流的变化并不大。具体表现为：开路电压随着激光功率的升高而下降，但下降幅度并不大，激光功率达到 30 W 时，激光辐照后单晶 Si 电池的开路电压仅下降 14.8%；短路电流随着激光功率的升高而下降，下降幅度并不大；最大功率随着激光功率的升高而下降，当激光功率为 30 W 时，激光辐照过后最大功率下降为损伤前的 36.6%。

表 4 - 4 皮秒激光辐照单晶 Si 电池非栅线部位电性能参数变化

重复频率/kHz	激光功率/W	开路电压/V	短路电流/mA	最大功率/mW
激光未辐照	激光未辐照	0.54	25	10.1
25	3.75	0.54	25	9.9
50	7.5	0.54	24.8	9.3
70	10.5	0.53	23.7	7.4
80	12	0.49	23.8	4.7
100	15	0.48	23.7	4
200	30	0.46	23.6	3.7

图 4 - 20 和图 4 - 21 分别为不同功率激光辐照后单晶 Si 电池的伏安特性曲线和功率电压关系变化曲线图，可以发现，随着激光功率的升高，电池伏安特性和功率电压关系曲线产生明显衰减。

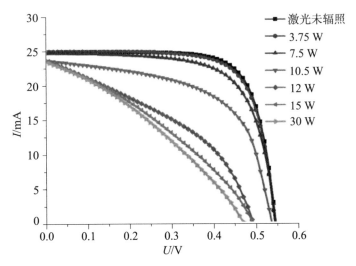

图 4 - 20 皮秒激光辐照单晶 Si 电池非栅线部位伏安特性曲线变化（见彩插）

图 4 - 22 为不同功率激光辐照单晶 Si 电池的开路电压变化情况，开路电压随着激光功率的升高而下降，由太阳能电池的等效电路可知，

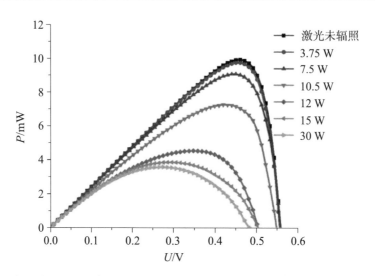

图 4 - 21　皮秒激光辐照单晶 Si 电池非栅线部位功率电压关系曲线变化（见彩插）

太阳能电池的开路电压下降主要为并联电阻减小引起。皮秒激光作为超短脉冲激光，脉冲宽度极短，同时由于脉冲数目较多，因此脉冲间隔时间较短。在高重频作用下，第一个脉冲作用后，太阳能电池吸收激光能量，在激光能量未消散时，下一个激光脉冲即开始作用，多脉冲作用使得辐照区域热量累积，形成局部极高温度，使材料发生熔融，导致并联电阻降低，最终导致开路电压下降。

　　图 4 - 23 为不同功率激光辐照后太阳能电池的短路电流变化情况，短路电流随着激光功率的升高而下降，下降幅度较小，表现出良好的抗损伤能力。

　　图 4 - 24 为不同功率激光辐照后太阳能电池的最大输出功率变化情况，最大功率随着激光功率的增加而下降，当激光功率为 30 W 时，激光辐照过后单晶 Si 电池最大输出功率下降为损伤前的 36.6%。

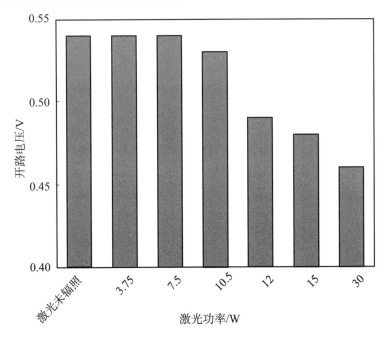

图 4 - 22　皮秒激光辐照单晶 Si 电池非栅线部位开路电压变化

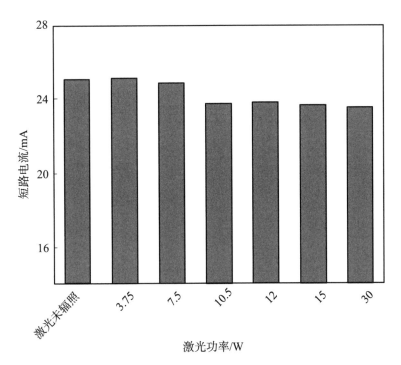

图 4 - 23　皮秒激光辐照单晶 Si 电池非栅线部位短路电流变化

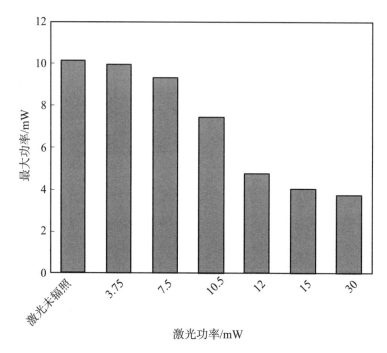

图 4 - 24　皮秒激光辐照单晶 Si 电池非栅线部位最大功率变化情况

4.3.1.2　表面形貌变化

图 4 - 25 为不同功率激光辐照单晶 Si 电池非栅线部位的损伤形貌。可以发现，激光辐照后单晶 Si 电池表面出现明显的烧蚀坑，烧蚀坑周围存在一圈熔融再凝固的喷溅残渣区域，烧蚀坑面积随着激光功率的增加而增加。结合单晶 Si 电池在不同功率激光辐照后的电性能变化，可以发现，尽管在最大激光功率下形成明显烧蚀坑，但电池仍可保持36.6％输出功率，表现出良好的抗损伤能力。

4.3.1.3　电致发光变化

不同功率激光辐照单晶 Si 电池非栅线部位的电致发光情况如图 4 - 26 所示，可以发现，在激光功率较低时，单晶 Si 电池的发光情况无明显变化。如图 4 - 26（c）所示，当激光功率达到 10.5 W 时，

(a) 激光功率7.5 W辐照后形貌

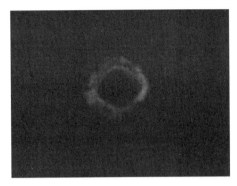
(b) 激光功率12 W辐照后形貌

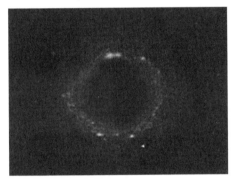
(c) 激光功率15 W辐照后形貌

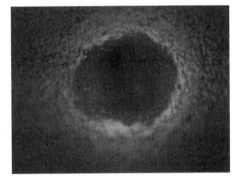
(d) 激光功率30 W辐照后形貌

图 4 - 25　皮秒激光辐照单晶 Si 电池非栅线部位形貌变化

电池的发光强度才产生一定下降，灰度直方图表现为左移。在最大激光功率 30 W 辐照后，电池仅部分区域失去发光能力，单晶 Si 电池表现出良好的抗损伤能力。

不同功率激光辐照后的相对发光强度如图 4 - 27 所示，可以发现，相对发光强度随着激光功率的增加而下降。这是因为，激光功率越高，沉积在电池上的能量越多，电池温度越高，载流子受到损伤越强，电池光电转换能力产生下降，表现为相对发光强度下降。

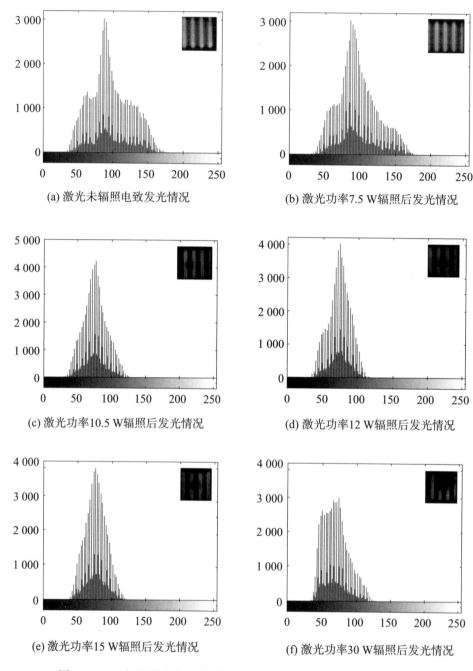

(a) 激光未辐照电致发光情况

(b) 激光功率7.5 W辐照后发光情况

(c) 激光功率10.5 W辐照后发光情况

(d) 激光功率12 W辐照后发光情况

(e) 激光功率15 W辐照后发光情况

(f) 激光功率30 W辐照后发光情况

图 4 - 26　皮秒激光辐照单晶 Si 电池非栅线部位电致发光变化

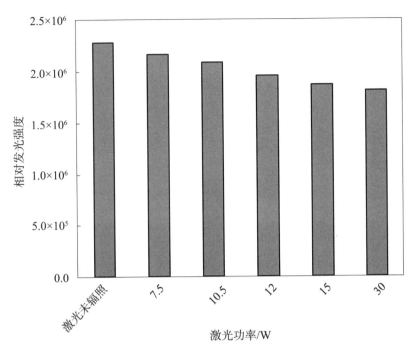

图 4-27　皮秒激光辐照单晶 Si 电池非栅线部位相对发光强度变化

4.3.2　激光辐照 Si 电池栅线部位损伤特性

本节以单晶 Si 电池表面栅线电极为激光辐照部位，研究在不同功率激光辐照下单晶 Si 电池的损伤特性，分别从电性能变化、表面形貌变化以及电致发光变化等方面开展测量。

4.3.2.1　电性能变化

表 4-5 为不同激光功率下皮秒激光辐照单晶 Si 电池栅线部位的损伤情况，单脉冲激光能量保持 150 μJ 不变，辐照时长为 10 s，当激光作用在栅线电极上时，电池的损伤效果较为明显，具体表现为：开路电压随着激光功率的升高而下降，激光功率为 30 W 时，开路电压仅有 0.02 V；短路电流随着激光功率的升高而下降，激光功率为 30 W

时，短路电流由损伤前的 25 mA 降为 16.2 mA；最大功率随着激光功率的升高而下降，激光功率为 30 W 时，电池的最大输出功率接近于零。

表 4-5　皮秒激光辐照单晶 Si 电池栅线部位电性能参数变化

重复频率/kHz	激光功率/W	开路电压/V	短路电流/mA	最大功率/mW
激光未辐照	激光未辐照	0.54	25	10.1
0.001	0.000 15	0.54	25	10.1
0.5	0.075	0.54	24.8	9.8
1	0.15	0.54	24.9	9.9
25	3.75	0.53	24.9	9.6
50	7.5	0.53	25	7.8
80	12	0.5	24.9	4.2
100	15	0.25	21.4	1.4
200	30	0.02	16.2	0.1

　　图 4-28 和图 4-29 分别为不同功率激光辐照后单晶 Si 电池的伏安特性曲线和功率电压变化曲线，可以发现，随着激光功率的升高，伏安特性曲线和功率电压关系曲线产生了不同程度的下降，激光功率越大，下降越明显。

　　图 4-30 为不同功率激光辐照后单晶 Si 能电池的开路电压变化情况，开路电压随着激光功率达到 30 W 时接近于零，由太阳能电池的等效电路和结构可知，并联电阻减小会引起开路电压下降，而并联电阻减小是因为激光辐照导致电池缺陷引起。同时，激光辐照会导致栅线电极熔融损伤，影响了太阳能电池载流子的收集，结合激光辐照非栅线部位的分析，栅线的熔断是主要因素。

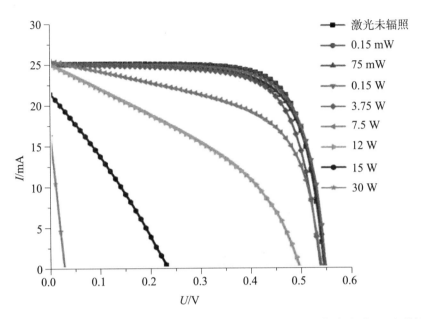

图 4 - 28 皮秒激光辐照单晶 Si 电池栅线部位伏安特性曲线变化（见彩插）

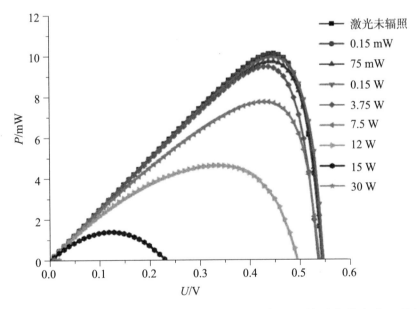

图 4 - 29 皮秒激光辐照单晶 Si 电池栅线部位功率电压关系曲线变化（见彩插）

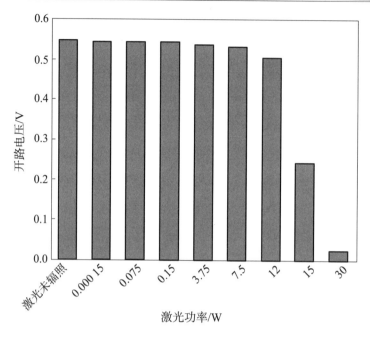

图 4-30　皮秒激光辐照单晶 Si 电池栅线部位开路电压变化

图 4-31 为不同功率激光辐照后单晶 Si 电池的短路电流变化情况，短路电流在激光功率较高时才产生明显下降。栅线具有收集载流子作用，栅线在较高功率激光辐照下的熔断会影响光生载流子吸收，从而降低短路电流。

图 4-32 为不同功率激光辐照后单晶 Si 电池的最大输出功率变化情况，最大功率随着激光功率的升高而下降，当激光功率为 30 W 时，最大输出功率的输出值已经接近零。

4.3.2.2　表面形貌变化

图 4-33 为不同功率激光辐照下单晶 Si 电池的损伤形貌，激光辐照会导致栅线电极的熔断，激光功率越高，烧蚀坑和由于热烧蚀导致的熔融再凝固喷溅区域越大，当激光功率达到 30 W 时，损伤区域进一步增大，电池电性能表现为最大功率接近于零。

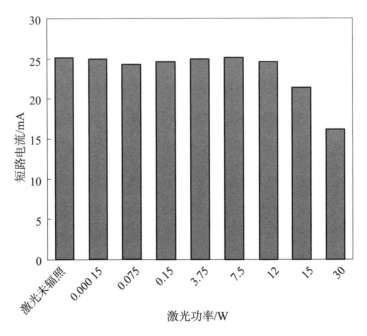

图 4 - 31 皮秒激光辐照单晶 Si 电池栅线部位短路电流变化

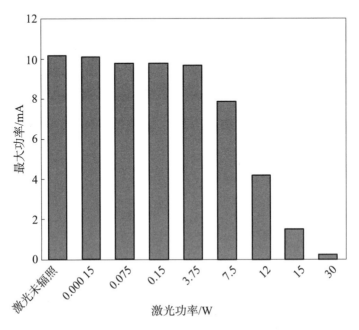

图 4 - 32 皮秒激光辐照单晶 Si 电池栅线部位最大功率变化

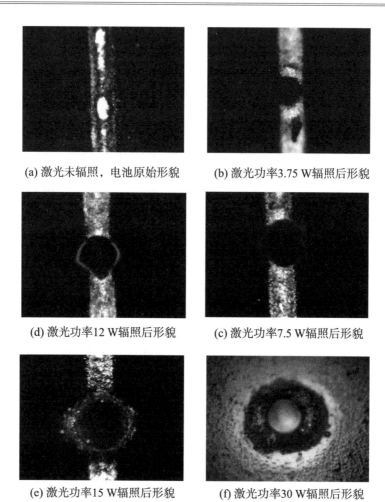

(a) 激光未辐照，电池原始形貌　　　(b) 激光功率3.75 W辐照后形貌

(d) 激光功率12 W辐照后形貌　　　(c) 激光功率7.5 W辐照后形貌

(e) 激光功率15 W辐照后形貌　　　(f) 激光功率30 W辐照后形貌

图 4 - 33　皮秒激光辐照单晶 Si 电池栅线部位形貌变化

4.3.2.3　电致发光变化

不同功率激光辐照单晶 Si 电池栅线部位的电致发光图像如图 4 - 34 所示，当激光功率为 3.75 W 时，电致发光图像表明无明显损伤。而当激光功率为 7.5 W 时，单晶 Si 电池的电致发光图像中出现大面积的损伤区域，随着激光功率的增加，不发光区域进一步增加，并且当激光功率达到 30 W 时，电池完全失去发光能力，即此时单晶 Si 电池已经完全损伤，失去光电转换能力。电致发光图像的变化趋势

与最大功率变化趋势类似,因此,电致发光检测可从一定程度上反映出电池输出功率变化趋势。

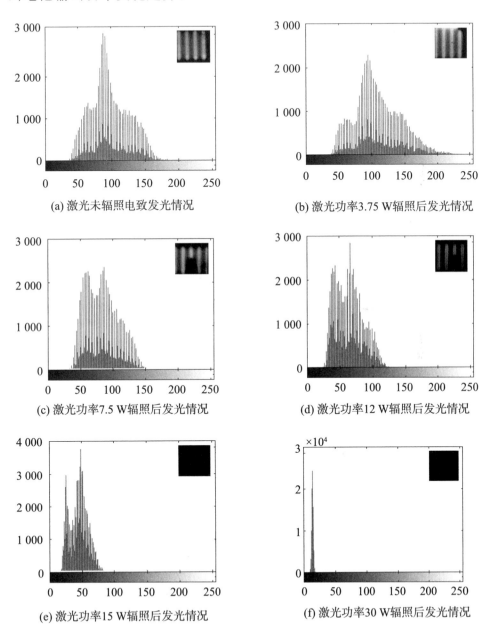

图 4 - 34　皮秒激光辐照单晶 Si 电池栅线部位电致发光变化

不同功率激光辐照栅线部位后电池的相对发光强度如图 4 - 35 所示，电池的相对发光强度随着激光功率的升高而下降，激光功率为 30 W 时，电致发光强度下降幅度较大，说明了辐照栅线部位的损伤效果显著。

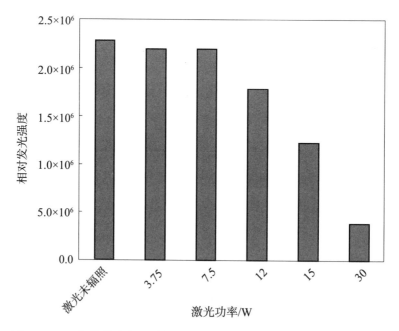

图 4 - 35　皮秒激光辐照单晶 Si 电池栅线部位相对发光强度变化

4.3.3　损伤机理总结

4.3.3.1　辐照非栅线部位损伤机理总结

皮秒多脉冲激光辐照单晶 Si 电池非栅线部位的损伤示意图如图 4 - 36 所示，由于波长 1 064 nm 激光的光子能量大于单晶 Si 电池的禁带宽度，电池在表面开始直接吸收光子能量，产生光生载流子，载流子也会吸收一部分激光能量，并通过弛豫碰撞进行能量交换，最终将能量传导到晶格，晶格温度升高，这种碰撞交换能量的时间量级在皮秒量级。

皮秒激光单脉冲能量较低，并且脉冲持续时间仅为 15 ps，脉冲结束后，弛豫碰撞还未结束，大部分激光能量还处于单晶 Si 电池载流子系统，热扩散作用不明显。在重频模式下，成百上千个脉冲持续辐照，累积的能量在单晶 Si 电池表面大量沉积，导致单晶 Si 电池材料的温度升高，直至产生熔融气化。激光烧蚀导致单晶 Si 电池材料并联电阻减小，降低电池开路电压和最大输出功率。

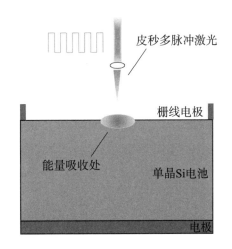

图 4 - 36　皮秒激光辐照损伤单晶 Si 电池非栅线部位示意图

4.3.3.2　辐照栅线部位损伤机理总结

皮秒多脉冲激光辐照单晶 Si 电池栅线部位示意图如图 4 - 37 所示。皮秒多脉冲激光辐照单晶 Si 电池的损伤原因：一是激光烧蚀使得太阳能电池材料缺陷增加，引起太阳能电池并联电阻减小，降低电池开路电压。二是金属栅线电极被熔断，单晶 Si 电池无法通过栅线电极充分吸收光生载流子，降低电池光电转换能力。

辐照栅线部位不仅对电池半导体材料产生损伤，同时也会对栅线电极产生损伤，使得激光辐照栅线部位损伤效果强于辐照非栅线部位。

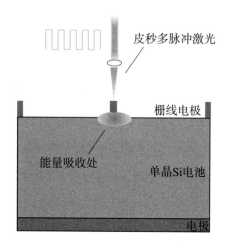

图 4 - 37　皮秒激光辐照损伤单晶 Si 电池栅线部位示意图

4.4　损伤对比分析

4.4.1　激光辐照太阳能电池部位的损伤对比分析

4.4.1.1　三结 GaInP$_2$/GaAs/Ge 电池损伤对比分析

　　表 4 - 6 和表 4 - 7 分别为不同功率皮秒激光辐照三结 GaInP$_2$/GaAs/Ge 电池非栅线部位与栅线部位后，太阳能电池的最大功率下降情况。根据表中的数据对比发现，相比激光辐照非栅线部位，当激光辐照三结 GaInP$_2$/GaAs/Ge 电池栅线部位时，仅 0.15 mW 的激光功率便导致三结 GaInP$_2$/GaAs/Ge 电池产生损伤，而辐照非栅线部位需要达到激光功率 1.5 mW 才能产生类似的损伤。当激光功率为 150 mW 时，辐照栅线部位后，三结 GaInP$_2$/GaAs/Ge 电池最大功率下降幅度达到 94.8%，而辐照非栅线部位的下降幅度仅为 27.6%。所以在真空环境下，皮秒激光辐照三结 GaInP$_2$/GaAs/Ge 电池栅线部位具有更强的损伤效果，主要是因为栅线熔断会影响太阳能电池对载流子的吸收，

降低电池光电转换能力。

表 4 - 6　皮秒激光辐照三结 GaInP$_2$/GaAs/Ge 电池非栅线部位最大功率下降幅度

激光功率/mW	1.5	15	150	1 500	3 750	7 500	15 000
电池功率下降幅度/%	3.4	17.2	27.6	27.6	37.9	44.8	48.3

表 4 - 7　皮秒激光辐照三结 GaInP$_2$/GaAs/Ge 电池栅线部位最大功率下降幅度

激光功率/mW	0.15	0.75	1.5	15	150
电池功率下降幅度/%	3.4	71.7	75.9	94.1	94.8

4.4.1.2　单晶 Si 电池损伤对比分析

表 4 - 8 和表 4 - 9 分别为不同功率皮秒激光辐照单晶 Si 电池非栅线部位与栅线部位后，电池的最大功率变化情况。通过对两个表中的数据对比分析，可以发现，在皮秒激光功率相同的条件下，辐照栅线部位具有更强的损伤效果。当激光功率较高时，会导致栅线电极的熔断，一旦栅线电极熔断则会直接影响单晶 Si 电池对载流子的收集效率，降低电池最大输出功率。

表 4 - 8　皮秒激光辐照单晶 Si 电池非栅线部位电池最大功率下降幅度

激光功率/W	3.75	7.5	10.5	12	15	30
电池功率下降幅度/%	2.0	7.9	26.7	53.5	60.4	63.4

表 4 - 9　皮秒激光辐照单晶 Si 电池栅线部位电池最大功率下降幅度

激光功率/W	0.075	0.15	3.75	7.5	12	15	30
电池功率下降幅度/%	3.0	3.0	5.0	22.8	58.4	86.1	99.0

4.4.2　三结 GaInP$_2$/GaAs/Ge 电池与单晶 Si 电池的损伤对比分析

通过对本章损伤实验数据对比分析可以发现，相比于三结

GaInP$_2$/GaAs/Ge 电池，单晶 Si 电池对于波长 1 064 nm 皮秒激光具有更强的抗损伤能力，分析原因是两种电池的组成材料和结构不同导致。Ge 对波长 1 064 nm 激光的吸收系数在 10^6 cm^{-1} 量级。Si 对波长 1 064 nm 激光的吸收系数在 10^2 cm^{-1} 量级，Ge 的吸收系数远大于 Si，相同能量密度激光辐照下，Ge 的峰值温度更高，并且 Ge 的熔化温度为 1 211 K，小于 Si 的熔化温度 1687 K，所以对于波长 1 064 nm 激光辐照，三结 GaInP$_2$/GaAs/Ge 电池比 Si 电池更容易达到熔化损伤温度。

相比 Si 电池，三结 GaInP$_2$/GaAs/Ge 电池结构复杂，由 20 层不同材料有序排列组成，温度过高会引起不同层之间的相互渗透，影响电池正常结构，降低电池性能。同时，顶电池为 n$^+$ — p$^-$/p$^-$ — p$^+$ 结构、底电池为减薄型 GaAs – Ge 异质界面扩散结构，这两种结构受温度影响较大，激光辐照导致的电池温度升高对顶电池和底电池损伤明显。而单晶 Si 电池结构简单，由单一 Si 材料组成，所以三结 GaInP$_2$/GaAs/Ge 电池比单晶 Si 电池更容易受到损伤。

4.5　本章小结

本章在真空环境下开展了波长 1 064 nm，脉冲宽度 15 ps，脉冲激光辐照三结 GaInP$_2$/GaAs/Ge 电池和单晶 Si 电池的损伤特性实验研究。主要研究内容和结论总结如下：

1) 激光辐照三结 GaInP$_2$/GaAs/Ge 电池，具有以下特点：

①当激光辐照电池非栅线部位时，电池抗损伤能力较强，激光功率达到 15 W 时才使电池电性能产生略微损伤，15 W 激光辐照后仍可保持 51.7% 最大输出能力。表面形貌测量显示，随着激光功率的增

加，激光辐照光束中心辐照区域形成一个逐渐增大的烧蚀坑，由于激光脉宽为皮秒量级，因此形成的烧蚀坑轮廓清晰，烧蚀坑周围区域由于温度低于光电材料熔点而发生氧化还原反应，形成环状致密氧化层。电池电致发光图像显示，尽管激光光斑较小，但电池内部损伤面积随着激光功率的增加而增大，电致发光强度下降趋势与电池最大功率下降趋势相同。

②当激光辐照电池栅线部位时，损伤效果强于辐照非栅线部位，激光功率达到 15 W 时，最大输出功率降为未损伤前的 5.9%，电池近乎完全损伤，主要是因为栅线电极受到激光辐照熔断导致，表面形貌测量显示，损伤面积随着激光功率的增加而变大。电致发光图像显示，电池电性能完全损伤后失去电致发光能力，电致发光的下降规律与最大输出功率下降规律类似。

2) 激光辐照单晶 Si 电池，具有以下特点：

①当激光辐照电池非栅线部位时，电池具有较强的抗损伤能力。激光功率达到 7.5 W 时才使电池电性能产生略微损伤，激光功率达到 15 W 辐照后，电池最大输出功率降为未损伤前的 39.6%。表面形貌测量显示，激光烧蚀损伤面积随着激光功率的增加而变大。电池电致发光图像显示，电致发光强度随着激光功率的增加而略微下降，电池仅在激光辐照部位及附近小范围内失去发光能力。

②当激光辐照电池栅线部位时，损伤效果强于辐照非栅线部位，激光功率达 15 W 后，电池最大输出功率降为未损伤前的 13.9%。表面形貌测量显示，栅线电极在激光功率较高时被熔断，烧蚀损伤面积随着激光功率的增加而变大。电池电致发光图像显示，随着激光功率的增加，电池发光强度下降较为明显，电致发光强度的下降规律与最大输出功率下降规律类似。

3）三结 $GaInP_2$/GaAs/Ge 电池比单晶 Si 电池更容易受到损伤：

由实验数据可知，波长 1 064 nm 皮秒重频激光辐照下单晶 Si 电池抗损伤能力强于三结 $GaInP_2$/GaAs/Ge 电池，原因如下：

①吸收系数不同，Ge 对波长 1 064 nm 激光吸收系数远大于 Si 的吸收系数，并且 Ge 的熔点低于 Si，波长 1 064 nm 激光辐照下，三结 $GaInP_2$/GaAs/Ge 电池比 Si 电池更容易达到损伤熔融温度。

②两种电池结构不同，单晶 Si 电池结构简单，主体结构为 Si 材料，而三结 $GaInP_2$/GaAs/Ge 电池由 20 层不同材料有序组成，温度过高会导致电池不同层材料相互渗透扩散，影响电池性能，并且顶电池和底电池结构特殊，更容易受到热损伤影响，降低电池输出的功率。

参 考 文 献

［1］ 沈中华，陆建，倪晓武. 皮秒和纳秒脉冲激光作用于半导体材料的加热机
     理研究［J］. 中国激光，1999（09）：859－863.
［2］ 谭宇，陆健. 连续激光辐照三结 GaAs 太阳电池热应力场研究［J］. 激光
     技术，2020，044（002）：250－254.

第 5 章　基于连续激光辐照的电池散射光谱特性

　　为了研究连续激光辐照对光电电池损伤特性和散射光谱特性的影响，实验中采用了不同功率密度的连续激光辐照三结砷化镓电池，通过对电池表面损伤特性、温度特性、电特性和电致发光特性的研究，对激光辐照损伤电池的表面形貌、表面温度变化、I－V特性曲线、最大功率等输出参数以及电池电致发光特性进行了分析。进一步地，通过基于薄膜干涉理论的电池散射光谱模型，分析三结砷化镓电池内各层电池对散射光谱特征的影响。通过散射光谱实验测量系统，测量了不同功率密度激光辐照损伤三结砷化镓电池的散射光谱，分析了损伤电池的散射光谱特性变化。

5.1　电池连续激光辐照损伤特性

5.1.1　表面形貌特性分析

　　实验中保持辐照激光光斑直径约为 5 mm，辐照时间为 20 s，波长为 808 nm，对表面尺寸为 10 mm×10 mm 的三结砷化镓电池进行辐照实验。实验中通过改变激光器的能量实现辐照激光的功率密度变化。实验中采用的辐照光斑面积较大，与原始完好电池的尺寸相比，属于大光斑辐照。实验中使用激光功率密度为 7.6 W/cm²、9.2 W/cm²、

10.9 W/cm²、12.5 W/cm²、14.2 W/cm² 和 15.8 W/cm² 的激光对电池进行辐照实验及分析，得到如图 5 - 1 所示的电池表面损伤形貌。

(a) 激光未辐照，电池原始形貌

(b) 激光功率密度7.6 W/cm²
辐照后形貌

(c) 激光功率密度9.2 W/cm²
辐照后形貌

(d) 激光功率密度10.9 W/cm²
辐照后形貌

(e) 激光功率密度12.5 W/cm²
辐照后形貌

(f) 激光功率密度14.2 W/cm²
辐照后形貌

(g) 激光功率密度15.8 W/cm²
辐照后形貌

图 5 - 1　激光辐照损伤电池表面形貌

如图 5 - 1 所示，当辐照激光功率密度为 7.6 W/cm² 时，电池表面基本没有发生变化；当辐照激光功率密度为 9.2 W/cm² 时，电池表面形貌可观察到损伤，辐照位置出现了明显的白色区域；随着激光功率密度的增大，损伤效果越发显著，即当辐照激光功率密度为 10.9 W/cm²、12.5 W/cm²、14.2 W/cm² 和 15.8 W/cm² 时，电池损伤区域进一步扩大，其中辐照激光功率密度为 15.8 W/cm² 时，电池已经接近烧穿。为了进一步对电池表面形貌的变化进行分析，通过光学显微镜对激光辐照区域进行拍摄，得到如图 5-2 所示的图像。

如图 5-2 所示，图中给出了辐照区域边缘位置处的形貌，通过辐照区域和未辐照区域表面形貌的对比，对电池表面的损伤情况进行分析。由图 5-2（b）可以看出，当辐照激光功率密度为 7.6 W/cm² 时，电池表面形貌未出现明显改变；由图 5-2（c）可以看出，当辐照激光功率密度为 9.2 W/cm² 时，辐照区域形貌开始出现了明显变化，存在不规则分布的白色区域；由图 5-2（d）可以看出，在相同辐照时间条件下，当辐照激光功率密度为 10.9 W/cm² 时，电池表面出现了明显的损伤，形成近似圆形的烧蚀损伤区，辐照区域的电池材料出现了损坏；由图 5-2（e）、5-2（f）、5-2（g）可以发现，随着激光功率密度的增加，即当辐照激光功率密度为 12.5 W/cm²、14.2 W/cm² 和 15.8 W/cm² 时，电池表面损伤的效果更加显著，损伤区域附近出现了彩色圆环，主要是由于在连续激光辐照作用的情况下，三结砷化镓太阳能电池辐照区域附近的材料熔融氧化，底电池 Ge 层在激光作用下熔融并析出表面，部分 Ge 发生氧化后，生成 GeO_2 等氧化物，导致电池表面出现明显的"彩虹环"[1,2]。

三结砷化镓太阳能电池内含有 GaInP 层、GaAs 层和 Ge 层三层子电池，当采用波长 808 nm 的连续激光对电池进行辐照时，激光的光子能量未达到顶电池 GaInP 层的禁带宽度（1.85 eV），此时顶电池无光

(a) 激光未辐照，电池原始形貌

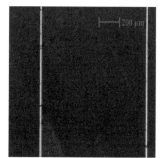

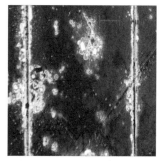

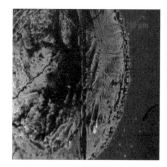

(b) 激光功率密度7.6 W/cm²
辐照后形貌

(c) 激光功率密度9.2 W/cm²
辐照后形貌

(d) 激光功率密度10.9 W/cm²
辐照后形貌

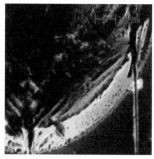

(e) 激光功率密度12.5 W/cm²
辐照后形貌

(f) 激光功率密度14.2 W/cm²
辐照后形貌

(g) 激光功率密度15.8 W/cm²
辐照后形貌

图 5 - 2　激光辐照损伤电池的微观表面形貌

电效应，绝大部分的能量从该层透过；当能量输运到中电池 GaAs 层和底电池 Ge 层后，由于波长 808 nm 激光的光子能量大于中电池和底电池的禁带宽度（1.42 eV 和 0.65 eV），此时中电池和底电池内光电效应转换的光电流迅速饱和，辐照区域绝大部分激光能量开始转换为热能；热能在电池内部逐渐积累，并向电池未辐照区域扩散，最终引起电池总体温度的升高，当累积激光能量达到一定程度后，将会对电池造成损伤。

5.1.2 温度特性分析

为了研究连续激光辐照对三结砷化镓太阳能电池表面温度特性的影响，实验中通过热像仪对电池表面辐照区域的温度变化进行了测量，得到如图 5-3 所示的电池表面辐照区域中心温度变化趋势。

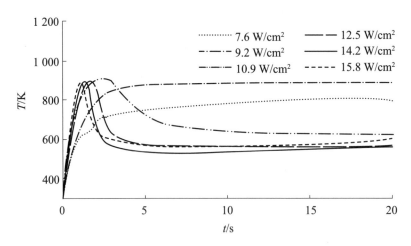

图 5-3　不同功率密度激光作用下电池表面辐照区域中心温度变化

如图 5-3 所示，图中横坐标为时间，单位为 s，纵坐标为辐照区域中心位置处的温度，单位为 K。在激光作用时间、激光光斑等相同条件下，激光功率密度越大，电池温升的幅度越大，能达到的峰值温度越高，所需的时间越短。这是因为在连续激光作用下，电池的光电转换饱和后，剩余激光能量转化为热能，导致电池温度升高。因此，连续激光功率密度越大，转换的热能越多，引起电池温度升高的幅度越大。

为了进一步研究激光辐照过程中，电池温度变化带来的电池损伤，对不同激光功率密度辐照时的电池表面温度场进行研究，分别选择图 5-2 中电池表面形貌基本无变化的 7.6 W/cm² 、表面形貌开始出现变化的 9.2 W/cm² 、表面出现明显损伤的 10.9 W/cm² 和电池接近烧穿时的 15.8 W/cm² 工况进行分析，结果如图 5-4、图 5-5、图 5-6 和图 5-7 所示。

如图 5-4 和图 5-5 所示，图中横纵坐标为电池在热像仪中成像的尺寸，单位为 Pixel，颜色条代表电池表面温度，范围为 300～1 000 K。图中电池表面温度以圆形激光辐照区域为中心，逐渐向周围递减。当激光开始辐照后，随着激光能量的连续沉积，电池表面温度呈上升趋势，在 20 s 的辐照时间内，辐照激光功率密度越大，电池温度升高的幅度越高，能达到的最高温度越高。

如图 5-6 和图 5-7 所示，当辐照激光功率密度为 10.9 W/cm² 和 15.8 W/cm² 时，辐照区域表面温度在 1～2 s 内迅速达到 900 K。接着辐照区域中心处温度分别在 3～5 s 和 1.3～1.6 s 内出现下降，由图 5-2 (d)、图 5-2 (g) 可以看出，随着辐照时间的增加，辐照中心处温度开始出现下降，主要是电池辐照区域中心的材料发生熔融损伤，比如 GaAs 层在温度为 873 K 时分解，厚度约为 3.7 μm 的 GaAs 层很快在激光作用下出现损伤[1]。随着激光能量的不断沉积，带来的损伤效果越发显著，直至中心处接近烧穿。辐照激光功率密度越高，中心处的损伤区域也越大。总结而言，连续激光辐照过程中，中心区域温度先达到最高，随后随着电池的表面破坏导致中心温度下降。

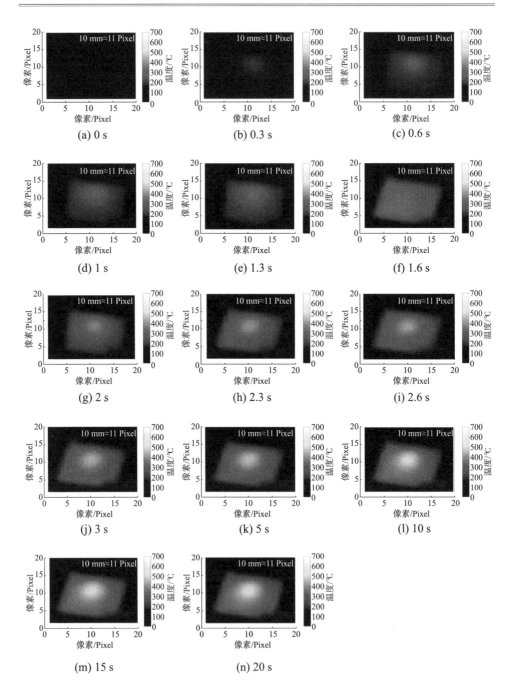

图 5-4　激光功率密度为 7.6 W/cm² 时电池表面温度变化

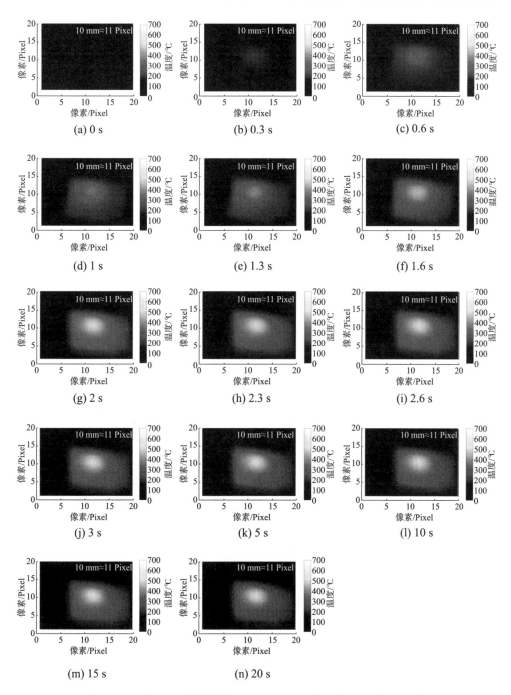

图 5 - 5　激光功率密度为 9.2 W/cm² 时电池表面温度变化

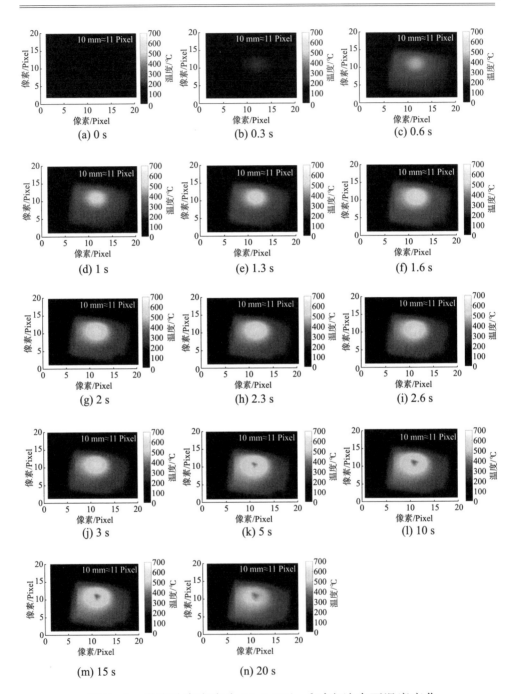

图 5-6 激光功率密度为 10.9 W/cm² 时电池表面温度变化

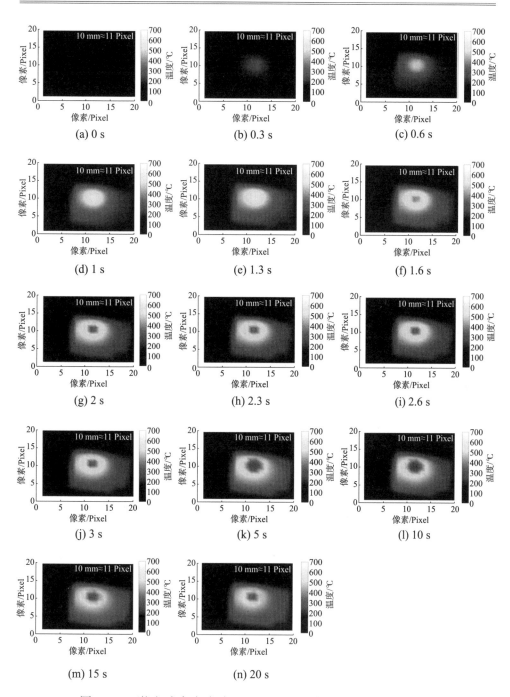

图 5-7　激光功率密度为 15.8 W/cm² 时电池表面温度变化

5.1.3　电特性分析

为了研究连续激光辐照对三结砷化镓太阳能电池输出特性的影响，实验中采用源表对辐照电池的 I-V 特性曲线进行了测量，由测量仪器直接得到电池电压和电流间的变化关系。为了保证实验数据的准确性和可靠性，实验中进行了多次测试，并对多次结果计算均值后绘制出 I-V 特性曲线，进一步得到 P-V 特性曲线、短路电流 I_{sc}、开路电压 V_{oc} 和最大输出功率 P_{max} 等物理参数。不同功率密度激光辐照后，电池的 I-V 特性和 P-V 特性曲线如图 5-8 和图 5-9 所示。

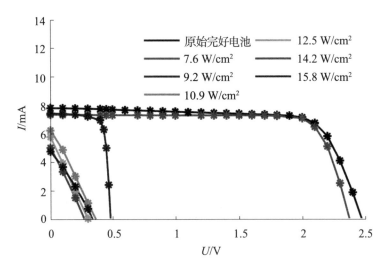

图 5-8　不同功率密度激光辐照后电池 I-V 特性变化（见彩插）

I-V 特性曲线如图 5-8 所示，图中横坐标为电压，单位为 V，纵坐标为电流，单位为 mA。P-V 特性曲线如图 5-9 所示，图中横坐标为电压，单位为 V，纵坐标为功率，单位为 mW。激光辐照后电池的短路电流 I_{sc}、开路电压 V_{oc} 和最大输出功率 P_{max} 参数如图 5-10 所示。

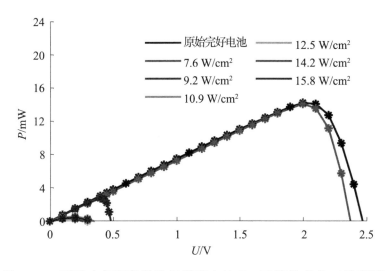

图 5 - 9　不同功率密度激光辐照后电池 P - V 特性变化（见彩插）

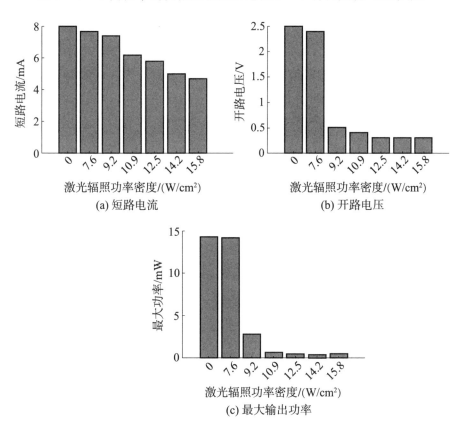

图 5 - 10　不同功率密度激光辐照后电池的电性能参数

如图 5-10 所示，当辐照激光功率密度为 7.6 W/cm² 时，短路电流 I_{sc} 和开路电压 V_{oc} 发生一定程度的下降，最大输出功率 P_{max} 基本不变，由图 5-2 (b) 可知，此时电池表面形貌无明显变化；当辐照激光功率密度为 9.2 W/cm² 时，最大输出功率下降了约 80%，由图 5-2 (c) 可知，电池表面已经出现了部分损伤区域，表明激光辐照带来的损伤直接影响电性能输出；当激光功率密度大于 9.2 W/cm² 时，随着激光功率密度的增加，电池损伤区域进一步扩大，电池最大输出功率几乎完全丧失，此时电池已基本失去了光电转化能力。

5.1.4　电致发光特性分析

太阳能电池的电致发光现象主要用于多结化合物太阳能电池的损伤检测[3]，其检测的原理是电池在加载一定的正向偏置电压后，电池内 P 区的空穴和 N 区的电子在外加电场的作用下，在 P-N 结处分别与 N 区的电子和 P 区的空穴发生复合，从而发射光子，由于太阳能电池的材料不尽相同，导致其对应的禁带宽度和发射光的波长也不同。

实验中对激光辐照损伤后的三结砷化镓太阳能电池加载 3 V 的正向偏置电压，对辐照损伤电池进行电致发光检测。结合电致发光现象得到的近红外图像，可以对激光辐照后电池内部的损伤情况进行判别和分析。不同功率密度激光辐照后的电池电致发光检测结果由图 5-11 所示，通过辐照损伤电池电致发光图像的灰度值分布来判断辐照电池内部的损伤情况[4]。

如图 5-11 所示，图中横坐标为灰度值，纵坐标为灰度值在图中出现的次数，右上角为电池的电致发光图像[4]。在电池未被激光辐照时，电池的发光强度最高，且峰值整体靠右；当辐照激光功率密度为

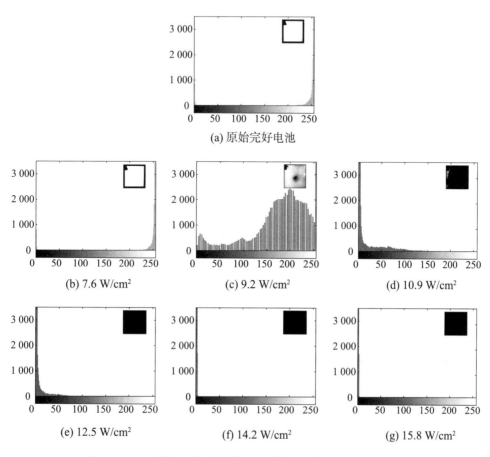

图 5-11　不同功率密度激光辐照电池的电致发光测试

7.6 W/cm² 时，通过电致发光相机得到的电池发光强度和灰度分布与原始完好电池基本一致，结合上文的实验结果可以发现，此时电池的电特性基本没有损坏，电池可以正常工作；当辐照激光功率密度为 9.2 W/cm² 时，电池表面出现了部分不发光区域，灰度值分布向左迁移，表明辐照区域范围内的电池层材料发生了损伤；随着激光功率密度的进一步增加，即当激光功率密度为 10.9 W/cm²、12.5 W/cm²、14.2 W/cm² 和 15.8 W/cm² 时，太阳能电池近乎失去电致发光能力，电池内部发生损伤，表现为灰度值直方图主要集中分布在最左端区域。

电致发光图像结果的变化与电特性的结果变化规律基本一致，电致发光图像可在一定程度上反映三结砷化镓太阳能电池电特性的变化规律。当辐照激光功率密度大于 10.9 W/cm² 时，随着激光功率密度的增加，一方面表面损伤区域逐渐增大，另一方面从电致发光图像中发现电池内部材料发生了损伤；从电特性结果也可以看出，电池最大输出功率几乎完全丧失，此时电池已基本失去了光电转化能力，表现出纯电阻特性。

5.2　电池连续激光辐照损伤散射光谱特性分析

激光作为一种高亮度光源，当激光功率密度足够高时，极易导致电池出现损伤。近年来，作为光学观测的重要手段，光谱探测技术广泛应用于航天器目标识别领域。通过探测目标的光谱，提供波长维度的可分辨信息，识别目标特征变化[5]。本节基于薄膜干涉理论[6]，仿真分析了电池各层对散射光谱特性的影响；进一步地，通过目标表面散射光谱测量实验系统，对激光辐照后的三结砷化镓电池散射光谱进行测量，获得了双向反射分布函数（BRDF）；根据上述仿真和实验结果，通过散射光谱数据，对电池的损伤情况进行了分析。

5.2.1　电池层对散射光谱特性影响的仿真分析

5.2.1.1　仿真模型构建

三结砷化镓太阳能电池的仿真模型如图 5-12 所示。其中，各层电池厚度如下所示：TiO_2/Al_2O_3 厚度为 0.100 μm，GaInP 厚度为 0.670 μm，GaAs 厚度为 3.7 μm，Ge 厚度为 170 μm，电池样片总厚度约为 174.47 μm。

图 5 - 12 三结砷化镓太阳能电池仿真模型

5.2.1.2 模型仿真原理

采用导纳矩阵法推导多层膜系与基底组合的等效光学导纳 Y 与膜层及基底结构参数之间的定量关系式如下所示[6,7]：

$$E_0 \begin{bmatrix} 1 \\ Y \end{bmatrix} = \left\{ \prod_{j=1}^{k} \begin{bmatrix} \cos\delta_j & \dfrac{i}{\eta_j}\sin\delta_j \\ i\eta_j\sin\delta_j & \cos\delta_j \end{bmatrix} \right\} \begin{bmatrix} 1 \\ \eta_{k+1} \end{bmatrix} E_{k+1} \qquad (5-1)$$

式中，E_0 为第一层膜上界面（入射介质为空气）外侧电场强度；E_{k+1} 为第 k 层膜（出射介质为 Ge）下界面外侧电场强度；k 为膜层数；η 为修正导纳；δ_j 为第 j 层膜的有效相位厚度。

式（5-1）中，矩阵进行复数运算，其中 δ_j 的计算式为

$$\delta_j = \frac{2\pi}{\lambda} N_j d_j \cos\theta_j \qquad (5-2)$$

式中，d_j 为第 j 层膜的厚度；N_j 为第 j 层膜的复折射率；λ 为入射光的波长；$N_j d_j \cos\theta_j$ 为第 j 层的光学相厚度。

相厚度对 p 偏振（指光矢量 E 在入射面内）和 s 偏振（指光矢量

E 垂直于入射面）都相同。η_j 为介质的有效导纳，对于 p 偏振和 s 偏振取不同的形式，有

$$\eta_j = \begin{cases} N_j \cos\theta_j & ,s \text{ 偏振} \\ \dfrac{N_j}{\cos\theta_j} & ,p \text{ 偏振} \end{cases} \tag{5-3}$$

第 j 层的折射角 θ_j 由斯涅尔定律确定，即

$$N_0 \sin\theta_0 = N_j \sin\theta_j = N_s \sin\theta_s \tag{5-4}$$

式中，N_0 为入射介质的复折射率；N_s 为出射介质的复折射率；N_j 为第 j 层介质的复折射率。

介质的复折射率 N_j 取如下形式：

$$N_j = n_j - ik_j \tag{5-5}$$

式中，n_j 为介质的实折射率；k_j 为介质的吸光系数。

k_j 反映介质的吸收，$k_j = 0$ 说明介质无吸收。因此，由式（5-5）可知，对于一个由 j 层介质构成的膜系，当光从入射介质 N_0 以 θ_0 角入射时，可令基底和薄膜组合的特征矩阵为

$$(E_0/E_{k+1}) \begin{bmatrix} 1 \\ Y \end{bmatrix} = \prod_{j=1}^{k} \begin{bmatrix} \cos\delta_j & \dfrac{i}{\eta_j}\sin\delta_j \\ i\eta_i\sin\delta_j & \cos\delta_j \end{bmatrix} \begin{bmatrix} 1 \\ \eta_{k+1} \end{bmatrix}$$

$$\begin{bmatrix} E_0/E_{k+1} \\ (E_0/E_{k+1})Y \end{bmatrix} = \prod_{j=1}^{k} \begin{bmatrix} \cos\delta_j & \dfrac{i}{\eta_j}\sin\delta_j \\ i\eta_i\sin\delta_j & \cos\delta_j \end{bmatrix} \begin{bmatrix} 1 \\ \eta_{k+1} \end{bmatrix} \tag{5-6}$$

$$\begin{bmatrix} B \\ C \end{bmatrix} = \prod_{j=1}^{k} \begin{bmatrix} \cos\delta_j & \dfrac{i}{\eta_j}\sin\delta_j \\ i\eta_i\sin\delta_j & \cos\delta_j \end{bmatrix} \begin{bmatrix} 1 \\ \eta_{k+1} \end{bmatrix}$$

代入上式可得：

$$Y = \frac{C}{B} \tag{5-7}$$

将 Y 称为膜系与基底组合的光学导纳。由光学导纳可计算膜系的振幅反射系数 r 和反射率 R，分别为

$$r = \frac{\eta_0 B - C}{\eta_0 B + C} \tag{5-8}$$

$$R = \left| \frac{\eta_0 - Y}{\eta_0 + Y} \right| = |r|^2 = \left(\frac{\eta_0 B - C}{\eta_0 B + C} \right) \left(\frac{\eta_0 B - C}{\eta_0 B + C} \right)^* \tag{5-9}$$

式中，* 表示取共轭。基于简化模型和薄膜光学的基本原理，可对电池模型进一步分解，得到如图 5-13 所示的仿真模型。

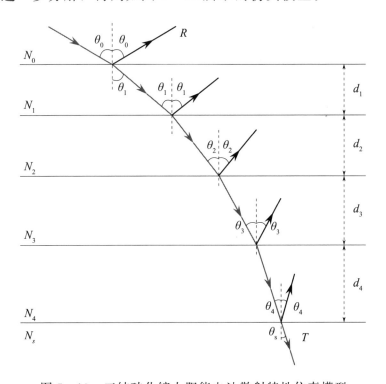

图 5-13　三结砷化镓太阳能电池散射特性仿真模型

在确定入射角度和各介质层的几何厚度后，薄膜反射率的计算参数仅与入射光波长相关。此时各参数计算公式分别如下所示：

（1）复折射率 N_j 及第 j 层的入射角 θ_j

$$N_j = n_j - ik_j \tag{5-10}$$

$$N_0 \sin\theta_0 = N_j \sin\theta_j$$

$$\theta_j = \arcsin\frac{N_0 \sin\theta_0}{N_j} \tag{5-11}$$

由于在真空或大气环境下，介质复折射率 N_0 可近似为 1。且决定各介质层复折射率 N_j 具体数值的两参数：介质的实折射率 n_j、介质的消光系数 k_j，在介质种类确定后仅与入射光波长相关。因此在确定入射角 θ_0 后，可进行复折射率 N_j 及第 j 层的入射角 θ_j 的计算。

（2）第 j 层膜的有效相位厚度 δ_j

$$\delta_j = \frac{2\pi}{\lambda}N_j d_j \cos\left(\arcsin\frac{N_0 \sin\theta_0}{N_j}\right) \tag{5-12}$$

（3）介质的有效导纳 η_j

$$\eta_j = \begin{cases} N_j \cos\theta_j = N_j \cos\left(\arcsin\dfrac{N_0 \sin\theta_0}{N_j}\right) & ,s\ \text{偏振} \\[4mm] \dfrac{N_j}{\cos\theta_j} = \dfrac{N_j}{\cos\left(arc\sin\dfrac{N_0 \sin\theta_0}{N_j}\right)} & ,p\ \text{偏振} \end{cases} \tag{5-13}$$

此时可通过以上参数对基底和薄膜组合的特征矩阵进行计算，当层数 $L=4$ 时，式（5-13）可化为

$$\begin{bmatrix} B \\ C \end{bmatrix} = \prod_{j=1}^{4} \begin{bmatrix} \cos\delta_j & \dfrac{i}{\eta_j}\sin\delta_j \\ i\eta_j \sin\delta_j & \cos\delta_j \end{bmatrix} \begin{bmatrix} 1 \\ \eta_5 \end{bmatrix} \tag{5-14}$$

计算公式所需的参数分别为有效相位厚度 δ_j 和介质的有效导纳 η_j，此时等效光学导纳如式（5-14）所示。由于光学性质的变化也取决于光的偏振状态，当入射光无偏振时，根据菲涅尔方程，由式（5-14）得到总的光谱反射率为

$$R_{\text{total}}(\theta_i,\lambda) = \frac{R_S(\theta_i,\lambda) + R_P(\theta_i,\lambda)}{2} \qquad (5-15)$$

式中，R_s 和 R_P 分别代表 S 偏振波和 P 偏振波入射时的光谱反射率。

通过上述理论模型，即可得到三结砷化镓太阳能电池散射光谱特性的仿真结果，可以结合散射光谱实验测量结果对激光辐照电池的散射光谱特性进行分析。

5.2.1.3　散射光谱仿真特性分析

本节基于 5.2.1 节所示的薄膜散射模型，对三结砷化镓太阳能电池的各层电池对目标散射特性的影响进行了仿真分析。以典型的测量几何模型 30°为例[6]，结果如图 5-14、图 5-15 和图 5-16 所示。

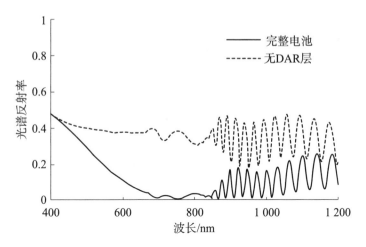

图 5-14　DAR 层对原始完好电池光谱反射率的影响

DAR 层和 Ge 层对原始完好电池光谱反射率曲线内光谱特征的影响如图 5-14 和图 5-15 所示，图中横坐标为波长，范围为 400～1 200 nm，纵坐标为光谱反射率，范围为 0～1。在没有 DAR 层和 Ge 层时，电池光谱反射率曲线幅值整体上升，可见光谱段（400～750 nm）的吸收峰和近红外谱段（900～1 200 nm）的类周期振荡现象仍然存在，散射光谱变化趋势无明显改变。主要是由于减反射膜 DAR 层和底电池 Ge 层的作用为吸收太阳光，降低反射能量，对散射光谱特征的变化规律无影响[6]。

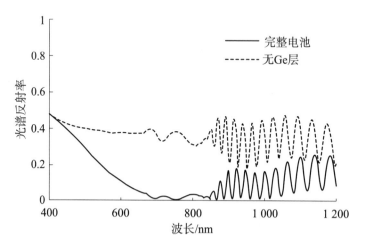

图 5 - 15　Ge 层对原始完好电池光谱反射率的影响

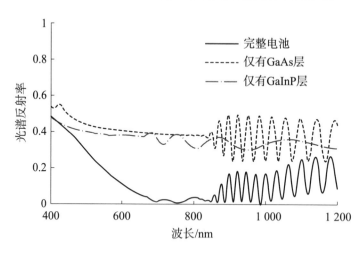

图 5 - 16　GaInP 和 GaAs 层对原始完好电池光谱反射率的影响

GaInP 和 GaAs 层对原始完好电池光谱反射率曲线内光谱特征的影响如图 5 - 16 所示，仅含 GaInP 层时，电池的光谱反射率曲线在可见光谱段存在明显吸收峰；而仅含 GaAs 层时，电池的光谱反射率曲线在可见光谱段没有吸收峰，近红外谱段曲线在 900 nm 后存在类周期振荡的薄膜干涉特性。上述散射光谱仿真结果与文献 [8] 基本一致。由仿真结果可知，顶电池 GaInP 层主要影响可见光谱段的吸收峰，中电池 GaAs 层主要影响近红外谱段的干涉特性。

进一步分析损伤三结砷化镓太阳能电池散射光谱特征的变化情况，假设在激光辐照作用过程中，电池层的损伤导致相应厚度发生变化，通过电池各层厚度变化表征电池受激光辐照后的损伤情况，分析不同损伤程度下的 GaInP 和 GaAs 层子电池仿真光谱特性，结果如图 5 - 17 和图 5 - 18 所示。

激光辐照损伤 GaInP 层电池光谱反射率变化情况如图 5 - 17 所示。其中，图 5 - 17（a）为原始完好电池的光谱反射率曲线；图 5 - 17 （b）为 GaInP 层电池损伤对光谱反射率曲线特征的影响。仿真模型中 GaInP 层的初始厚度为 0.67 μm，当 GaInP 层未出现损伤时，可见光谱段内的曲线存在明显吸收峰；当 GaInP 层出现损伤，厚度减小至 0.27 μm 时，吸收峰的位置发生偏移，且吸收峰幅度减弱；随着 GaInP 层损伤程度的加剧，即当 GaInP 层厚度减小为 0.07 μm 时，可见光谱段的吸收特性逐渐消失。通过研究发现，顶电池 GaInP 层主要影响可见光谱段内的吸收特性。

GaAs 层电池损伤对电池光谱反射率特征的影响如图 5 - 18 所示。随着 GaAs 层的损伤逐渐加剧，近红外谱段曲线的干涉特性逐渐减弱。通过研究发现，中电池 GaAs 层主要影响近红外谱段内的干涉特性。

通过上述研究可以发现，三结砷化镓太阳能电池内各层电池的主要作用如下所示。

1）减反射膜 DAR 层：吸收太阳光，降低反射能量，对散射光谱曲线特征的变化规律基本无影响；

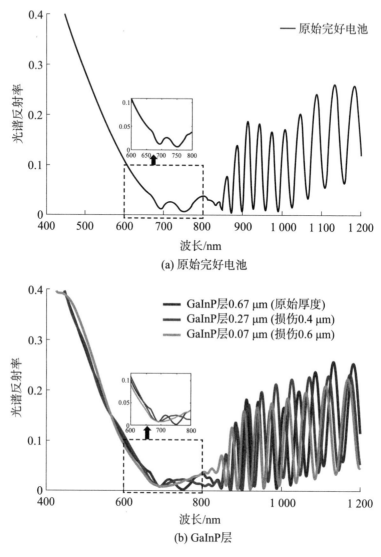

图 5-17　GaInP 层电池损伤对电池光谱反射率特征的影响（见彩插）

2）顶电池 GaInP 层：主要影响可见光谱段的吸收特性，当该层电池损伤后，可见光谱段内吸收峰数目减少，吸收峰的位置偏移，且吸收峰幅度减弱；

3）中电池 GaAs 层：主要影响近红外谱段的干涉特性，当该层电

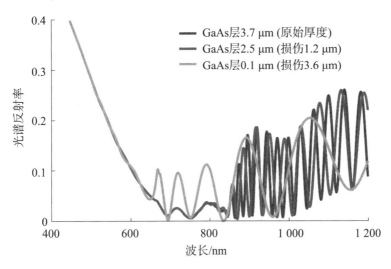

图 5 - 18　GaAs 层电池损伤对电池光谱反射率特征的影响（见彩插）

池损伤后，近红外谱段曲线的类周期振荡特性逐渐消失；

　　4）底电池 Ge 层：吸收太阳光，降低反射能量，对散射光谱曲线特征的变化规律基本无影响。

5.2.2　电池损伤散射光谱特性实验研究

　　本节采用双向反射分布函数（BRDF），对辐照前后电池表面的散射光谱进行分析。由 2.2.3 节可知，光谱反射率曲线和光谱 BRDF 曲线具有相同的光谱特征，可通过仿真模型结果对实验测量光谱 BRDF 曲线内光谱特征的变化进行分析。由于电池表面的反射模型属于镜反射模型，当入射光源方向固定，探测器测量方向角度偏移 1°时，测量数据便会产生巨大偏差。因此，为了确保实验测量数据的准确性，实验中采用了对称角度的测量几何模型，使光源入射角 θ_i 和样片表面反射角 θ_r（探测器接收角）始终相等。

　　实验中通过对不同测量几何模型下原始完好电池的光谱 BRDF 曲

线进行分析，得到测量性能较优的几何模型；接着通过确定的测量几何模型，测量不同功率密度激光辐照后的三结砷化镓太阳能电池的散射光谱信息，并计算其对应的 BRDF，得到激光辐照损伤电池光谱 BRDF 的变化，基于散射光谱数据对电池的损伤情况进行分析。

（1）不同测量几何模型下原始完好电池的光谱 BRDF

为了确保实验数据的准确性，降低噪声对目标散射光谱的影响，实验中进行了多次测量，将数据取平均，并对测量光谱数据进行了平滑处理，保留其有效光谱特征。实验中对原始完好电池的光谱 BRDF 曲线在 15°～75°测量几何模型时的结果进行了对比分析，结果如图 5－19 所示。

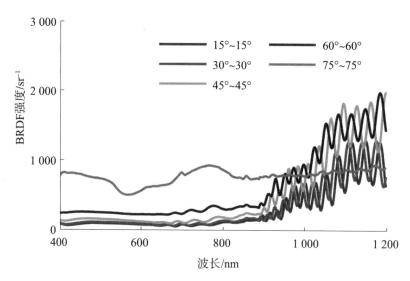

图 5－19　不同测量几何模型的原始完好电池光谱 BRDF（见彩插）

不同测量几何模型的原始完好电池光谱 BRDF 如图 5－19 所示，图中横坐标为波长，单位为 nm，纵坐标为 BRDF 强度，单位为 sr^{-1}。当测量几何模型角度为 15°、30°和 45°时，对应 BRDF 曲线形状、变化趋势基本一致，仅存在幅值上的差异；当测量几何模型角度为 60°时，近红外谱段的类周期振荡曲线特征发生改变；当测量几何模型角度为 75°时，可见光谱段内吸收特性和近红外谱段内干涉特性等特征消失，此时测量得到的光谱信息与其他情况存在明显的偏差。

从上述实验现象可以发现，在散射光谱测量实验中，测量几何模型角度为 15°、30°和 45°的情况下，通常可以得到有效的散射光谱信息；在角度为 60°时，测量光谱 BRDF 曲线内的近红外谱段干涉特征存在明显变化；在角度为 75°时，测量光谱 BRDF 曲线内的可见光谱段吸收特性和近红外谱段干涉特性基本改变。因此，实验中可以采用角度为 15°、30°和 45°的测量几何模型，对辐照前后三结砷化镓太阳能电池光谱 BRDF 曲线的特征变化进行分析，最终对激光辐照损伤电池的散射光谱特性进行判别分析。

（2）不同功率密度激光辐照后电池的 BRDF

实验中采用了角度为 30°的典型测量几何模型[6]，测量了原始完好电池和辐照激光功率密度为 7.6 W/cm^2、9.2 W/cm^2、10.9 W/cm^2、12.5 W/cm^2、14.2 W/cm^2 和 15.8 W/cm^2 时电池的表面散射光谱。原始完好电池光谱 BRDF 曲线如图 5-20 所示，图中横坐标为波长，谱段范围为 400～1 200 nm。不同激光功率密度辐照电池的光谱 BRDF 曲线如图 5-21 所示。

如图 5-21 所示，图中黑色实线为原始完好电池光谱 BRDF 曲线，虚线为辐照后电池光谱 BRDF 曲线，圆环表示 600～750 nm 谱段内的吸收峰。当辐照激光功率密度为 7.6 W/cm^2 时，电池可见光谱段和近红外谱段的散射光谱如图 5-21（a）、5-21（b）所示。在连续激光辐照作用下，与原始完好电池的光谱 BRDF 曲线相比，600～750 nm 可见光谱段内的吸收峰数目减少，吸收峰的位置变化较小，吸收峰幅度减弱；近红外谱段内仍存在由干涉特性引起的类周期振荡曲线。

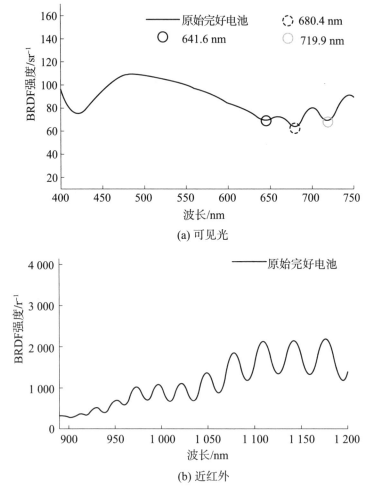

(a) 可见光

(b) 近红外

图 5 - 20　测量几何模型角度为 30°时原始完好电池 BRDF

当辐照激光功率密度为 9.2 W/cm² 时，电池表面出现如图 5 - 2（c）所示的损伤区域。由图 5 - 21（c）、5 - 21（d）所示，尽管可见光谱段内仍然存在吸收峰，但吸收峰的幅度减弱；此时近红外谱段内仍存在类周期振荡曲线。在激光功率密度继续增大的情况下，即当辐照激光功率密度为 10.9 W/cm²、12.5 W/cm²、14.2 W/cm² 和 15.8 W/cm² 时，随着电池损伤程度的加剧，可见光谱段内的吸收特性基本消失。

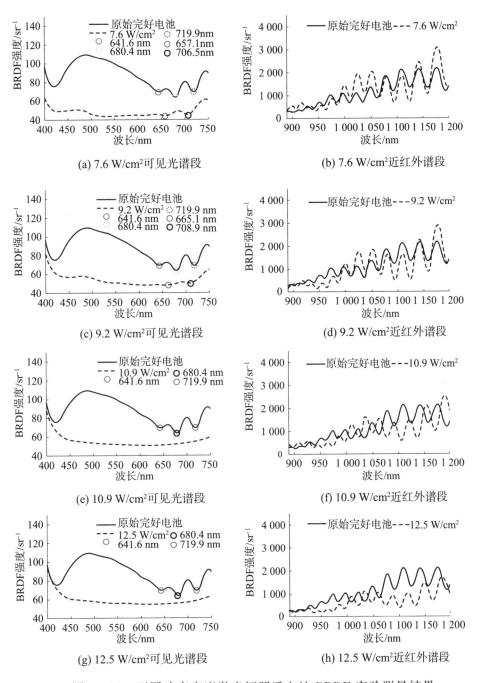

图 5-21　不同功率密度激光辐照后电池 BRDF 实验测量结果

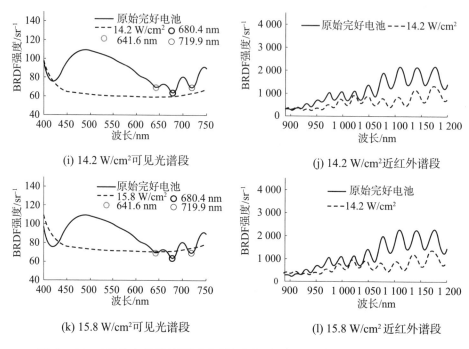

(i) 14.2 W/cm² 可见光谱段

(j) 14.2 W/cm² 近红外谱段

(k) 15.8 W/cm² 可见光谱段

(l) 15.8 W/cm² 近红外谱段

图 5-21　不同功率密度激光辐照后电池 BRDF 实验测量结果（续）

　　由上述实验结果可以看出，随着激光功率密度的增加，可见光谱段内的吸收特性变化相较于近红外谱段的干涉特性变化较为显著。通过仿真结论可知，顶电池 GaInP 层主要影响可见光谱段内的吸收特性，中电池 GaAs 层主要影响近红外谱段内的干涉特性。因此，当连续激光辐照三结砷化镓太阳能电池时，随着激光功率密度的增加，激光对 GaInP 层的损伤效果更为显著，主要是由于典型 GaInP/GaAS/Ge 太阳能电池的顶电池 GaInP 层为具有场助收集效应的 n^+-n^-/p^--p^+ 结构，使得顶电池对于热扩散破坏效应更加敏感，导致其容易在电池温度较高时出现损伤。

5.3 本章小结

本章开展了连续激光大光斑辐照三结砷化镓电池光电电池损伤特性和散射光谱特性影响的实验和仿真研究。主要研究内容和结论总结如下：

1）激光辐照三结砷化镓太阳能电池，具有以下特点：

当连续激光功率密度小于 9.2 W/cm² 时，随着激光功率密度的增加，电池最大输出功率基本不变，表面形貌测量显示，电池表面基本没有发生变化，电池电致发光性能基本不变；当连续激光功率密度大于 9.2 W/cm² 时，电池最大输出功率几乎完全丧失，从显微镜中可以观察到圆形的烧蚀损伤区域，激光功率密度越大，损伤区域越大，同时损伤区域附近出现彩色圆环。电池电致发光图像显示，电池基本失去电致发光能力。

2）连续激光辐照损伤电池散射光谱特性结果，具有以下特点：

散射光谱仿真结果表明电池中的减反射膜 DAR 层和底电池 Ge 层主要吸收太阳光，降低反射能量，对散射光谱曲线特征的变化规律基本无影响；GaInP 层主要影响可见光谱段内的吸收特性，GaAs 层主要影响近红外谱段内的干涉特性。原始完好电池散射光谱曲线的特征主要包括：可见光谱段的吸收峰和近红外谱段的类周期振荡曲线。实验测量结果表明，当连续激光功率密度小于 9.2 W/cm² 时，随着激光功率密度的增加，可见光谱段内的吸收峰数目减少，吸收峰幅度减弱；近红外谱段内仍然存在由干涉特性引起的类周期振荡。当连续激光功率密度大于 9.2 W/cm² 时，随着激光功率密度的增加，可见光谱段的吸收特性基本消失，同时近红外谱段的类周期振荡曲线幅值减弱。

参 考 文 献

［1］ 朱荣臻 . 单结 GaAs/Ge、单晶硅太阳能电池的激光辐照效应研究 ［D］. 长
沙：国防科技大学，2014.

［2］ 周广龙，徐建明，陆健，等 . 连续激光对三结 GaAs 电池的损伤效应 ［J］.
激光与光电子学进展，2017 （11）：281 - 287.

［3］ 周广龙 . 连续激光对三结太阳电池及其子电池的辐照特性研究 ［D］. 南
京：南京理工大学，2017.

［4］ 常浩，陈一夫，周伟静，等 . 纳秒激光脉冲辐照太阳能电池损伤特性及对
光电转化的影响 ［J］. 红外与激光工程，2021 （S2）：8 - 15.

［5］ 樊亮，雷成明，孙荣煜，等 . 空间目标的地基红外观测研究进展 ［J］. 天
文学进展，2017 （01）：93 - 106.

［6］ 李鹏，李智，徐灿，等 . 基于薄膜干涉理论的三阶砷化镓电池散射光谱研
究 ［J］. 光谱学与光谱分析，2020 （10）：3092 - 3097.

［7］ H. Angus Macleod. 薄膜光学：第 4 版 ［M］. 徐德刚，等，译. 北京：科
学出版社，2016.

［8］ 徐融，梁奕瑾，杨海龙，等 . 典型卫星表面材质的近红外干涉光谱反演
［J］. 上海航天（中英文），2021 （05）：60 - 66.

第 6 章 基于脉冲激光辐照的电池散射光谱特性

为了研究脉冲激光辐照对光电电池损伤特性和散射光谱特性的影响，实验中采用了不同能量密度的脉冲激光辐照三结砷化镓电池，通过对电池表面损伤特性、电特性和电致发光特性的研究，对辐照损伤电池的表面形貌、I-V 特性、最大功率以及电池电致发光等特性进行了分析。进一步地，通过散射光谱实验测量系统，测量了不同能量密度激光辐照损伤三结砷化镓电池的散射光谱，分析了损伤电池的散射光谱特性变化。结合基于薄膜干涉理论的电池散射光谱模型，分析脉冲激光辐照对电池的损伤情况。需要指出的是，实验中使用的是纳秒脉冲激光，其烧蚀过程极短，因此无法使用热成像仪获得电池表面的动态温度变化。

6.1 电池脉冲激光辐照损伤特性

6.1.1 表面形貌分析

实验中保持辐照激光光斑直径约为 5 mm，波长为 1 064 nm，脉宽为 10 ns，对表面尺寸为 10 mm×10 mm 的三结砷化镓太阳能电池进行辐照实验。实验中通过改变激光器的能量实现辐照激光的能量密度变化。相较于前人研究中采用的百微米级光斑，实验中采用的毫米级辐照,光斑面积较大,与原始完好电池的尺寸相比属于大光斑辐照。为了研究辐照损伤电池的表面散射光谱特性,需要尽可能地使电池表面出现明显损伤,因此,实验中使用激光能量密度为 0.12 J/cm² 、0.42 J/cm² 、1.16 J/cm² 、1.58 J/cm² 、2.14 J/cm² 和 2.96 J/cm² 的激光对电池进行辐照实验,激光辐照表面损伤形貌如图 6-1 所示,同时也给出了对应的激光功率密度,如图中括号内所示。由于采用的是纳秒脉冲激光,因此激光峰值功率密度极高,达到 10^7 W/cm² 以上。

如图 6-1 所示,当辐照激光能量密度为 0.12 J/cm² 和 0.42 J/cm² 时,电池表面基本没有发生变化;当辐照激光能量密度为 1.16 J/cm² 时,电池表面形貌观察到损伤,辐照位置出现了部分明显的银色区域;随着激光能量密度的增大,损伤效果越发显著,即当辐照激光能量密度为 1.58 J/cm² 、2.14 J/cm² 和 2.96 J/cm² 时,辐照位置出现明显的银色损伤区域。为了进一步分析电池表面形貌的变化情况,通过光学显微镜对激光辐照区域进行拍摄,得到如图 6-2 所示的微观形貌。

如图 6-2 所示,图中给出了辐照区域边缘位置处的形貌,通过辐照区域和未辐照区域表面形貌的对比,对电池表面的损伤情况进行分析。由图 6-2 (b)、6-2 (c) 可知,当辐照激光能量密度为 0.12 J/cm² 和 0.42 J/cm² 时,电池表面形貌并未发生明显改变;由图 6-2 (d) 可以发现,当辐照激光能量密度为 1.16 J/cm² 时,电池表面出现了明显损伤,存在分布不均匀的烧蚀损伤区域,辐照区域的电池材料发生一定程度损坏;由图 6-2 (e)、6-2 (f)、6-2 (g) 可以发现,随着激光能量密度的增加,即当辐照激光能量密度为 1.58 J/cm² 、2.14 J/cm² 和 2.96 J/cm² 时,电池表面损伤区域进一步扩大且损伤效果越发显著。

综上所述,由于激光脉冲持续时间在纳秒量级,激光脉宽远大于

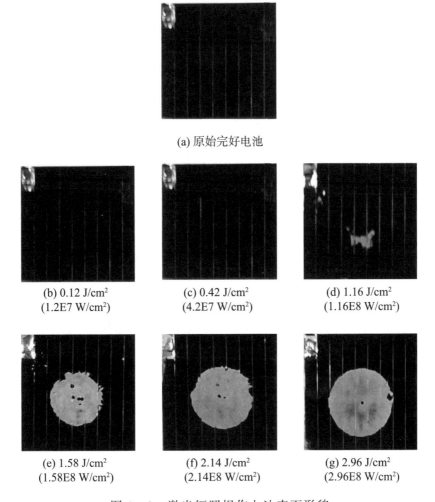

(a) 原始完好电池

(b) 0.12 J/cm²
(1.2E7 W/cm²)

(c) 0.42 J/cm²
(4.2E7 W/cm²)

(d) 1.16 J/cm²
(1.16E8 W/cm²)

(e) 1.58 J/cm²
(1.58E8 W/cm²)

(f) 2.14 J/cm²
(2.14E8 W/cm²)

(g) 2.96 J/cm²
(2.96E8 W/cm²)

图 6 - 1　激光辐照损伤电池表面形貌

材料的能量弛豫时间，激光辐照电池的损伤情况主要表现为材料的表面烧蚀。当纳秒脉冲激光辐照太阳能电池时，激光能量迅速沉积，导致辐照光斑中心处的电池材料熔融气化[1]；激光辐照结束后，烧蚀产物很快由熔融状态转换到凝固状态，当辐照激光能量密度较大时，将会导致电池表面出现明显损伤区域。

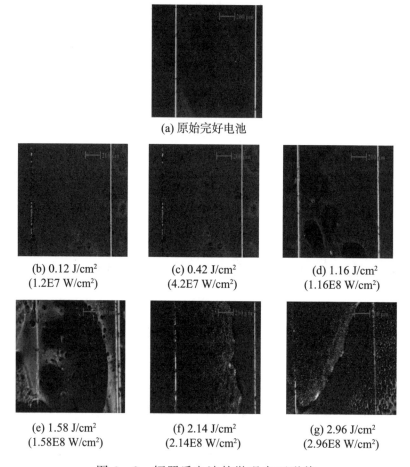

(a) 原始完好电池

(b) 0.12 J/cm²
(1.2E7 W/cm²)

(c) 0.42 J/cm²
(4.2E7 W/cm²)

(d) 1.16 J/cm²
(1.16E8 W/cm²)

(e) 1.58 J/cm²
(1.58E8 W/cm²)

(f) 2.14 J/cm²
(2.14E8 W/cm²)

(g) 2.96 J/cm²
(2.96E8 W/cm²)

图 6 - 2　辐照后电池的微观表面形貌

6.1.2　电特性分析

为了研究纳秒脉冲激光辐照对三结砷化镓太阳能电池输出特性的影响，实验中采用源表对辐照电池的 I - V 特性曲线进行了测量，由 I - V 特性曲线进一步得到 P - V 特性曲线以及短路电流 I_{sc}、开路电压 V_{oc} 和最大输出功率 P_{max} 等物理参数。不同能量密度激光辐照后，电池的 I - V 特性和 P - V 特性曲线由图 6 - 3 和图 6 - 4 所示。

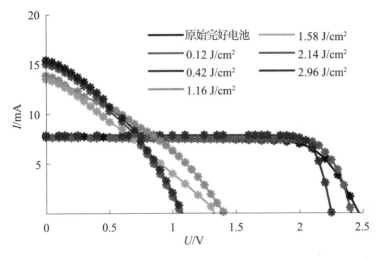

图 6-3　不同能量密度激光辐照后电池 I-V 特性变化（见彩插）

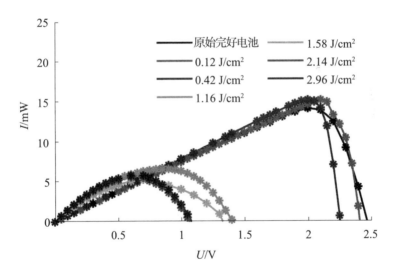

图 6-4　不同能量密度激光辐照后电池 P-V 特性变化（见彩插）

　　I-V 特性曲线如图 6-3 所示，图中横坐标为电压，单位为 V，纵坐标为电流，单位为 mA。P-V 特性曲线如图 6-4 所示，图中横坐标为电压，单位为 V，纵坐标为功率，单位为 mW。激光辐照后电池的短路电流 I_{sc}、开路电压 V_{oc} 和最大输出功率 P_{max} 参数如图 6-5 所示。

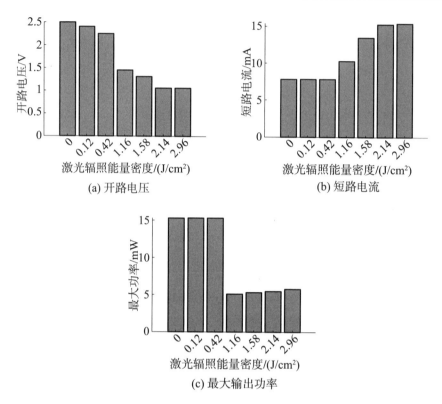

图 6-5　不同能量密度激光辐照后电池的电特性参数

　　当辐照激光能量密度为 0.12 J/cm² 和 0.42 J/cm² 时，短路电流 I_{sc} 和开路电压 V_{oc} 发生一定程度的下降，最大输出功率 P_{max} 略微减小，但 I-V 特性曲线形状基本与原始完好电池保持一致，同时由图 6-2 (b)、6-2 (c) 也可以看出，电池表面形貌无明显变化；当激光能量密度为 1.16 J/cm² 时，最大输出功率下降了约 50%，同时由图 6-2 (d) 也可以看出，电池表面出现了部分不规则损伤区域；当激光能量密度大于 1.58 J/cm² 时，最大输出功率下降了约 60%，同时由图 6-2 (e)、6-2 (f)、6-2 (g) 也可以看出，电池表面出现了较大的烧蚀损伤区域，主要是由于激光能量在电池内的沉积导致电池温度升高，使电池发生了不可逆的损伤，诱发了电池输出性能的大幅下降。

当波长 1 064 nm 的纳秒脉冲激光辐照三结砷化镓太阳能电池时，激光的光子能量未达到顶电池 GaInP 层和中电池 GaAs 层的禁带宽度，此时激光可以透过电池的 GaInP 层及 GaAs 层到达 Ge 层，由 Ge 层吸收光子能量并产生光电响应。在激光辐照过程中，Ge 层的电子吸收光子能量后将产生跃迁，形成光生载流子，载流子吸收激光能量后与晶格耦合，晶格温度升高，最终导致激光能量以热的形式被 Ge 层吸收，热损伤首先产生于 Ge 层表面。由于激光峰值能量密度高，激光能量短时间内在材料内部沉积，电池局部温度快速升高，在热传导机制下，电池不同层材料的有序掺杂被破坏掉，对电池产生了烧蚀损伤，导致了电池输出性能的下降[1]。

6.1.3　电致发光特性分析

为了研究纳秒脉冲激光辐照对电池电致发光特性造成的影响，实验中采用了电致发光检测相机对电池的电致发光特性进行测量，从而对激光辐照太阳能电池内部结构的损伤程度进行判别分析。

实验中对激光辐照损伤后的三结砷化镓太阳能电池加载 3 V 的正向偏置电压，对辐照损伤电池进行电致发光检测。不同能量密度激光辐照后的电池电致发光检测结果如图 6 - 6 所示，通过辐照损伤电池电致发光图像的灰度值分布来判断辐照电池内部的损伤情况[1]。

如图 6 - 6 所示，图中横坐标为灰度值，纵坐标为灰度值在图中出现的次数，右上角为电池的电致发光图像[2]。在电池未被激光辐照时，电池的发光强度最高，且峰值整体靠右，表明电池发光性能完好；当辐照激光能量密度为 0.12 J/cm² 和 0.42 J/cm² 时，通过电致发光相机得到的电池发光强度和灰度分布与原始完好电池基本一致，结合上文的电特性结果可以发现，此时电池基本没有损坏，可以正常工作；当

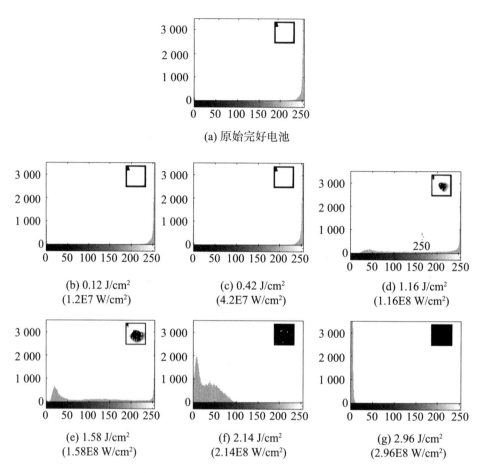

图 6-6　不同能量密度激光辐照电池的电致发光测试

辐照激光能量密度为 1.16 J/cm² 时，电池表面已经出现了不规则分布的无法发光区域，图像中的灰度值分布大幅度向左移动，此时辐照区域范围内的电池层材料发生了不可逆的损伤；随着激光能量密度的进一步增加，即当激光辐照功率密度为 1.58 J/cm²、2.14 J/cm² 和 2.96 J/cm² 时，可以看到电池无法发光区域进一步增大，太阳能电池近乎失去电致发光能力，电池内部各层均发生损伤，表现为灰度值直方图主要集中分布在最左端区域。

6.2　电池脉冲激光辐照损伤散射光谱特性分析

本节以脉冲激光辐照后的三结砷化镓太阳能电池为研究对象，在激光辐照损伤实验的基础上，通过目标散射特性测量实验系统，得到辐照损伤电池的散射光谱特性；基于实验中测量得到的光谱信息，对辐照损伤电池的散射光谱特性进行研究。通过建立的电池散射光谱仿真模型，在仿真中利用各层电池厚度的变化来表征激光辐照引发的各层电池损伤情况，从而为利用散射光谱信息评估电池损伤奠定基础。

6.2.1　实验测量

实验中通过确定的几何模型，测量辐照损伤三结砷化镓太阳能电池的散射光谱，并计算辐照损伤电池的光谱 BRDF，利用光谱 BRDF 曲线特征的变化分析电池的损伤情况。

实验中采用了角度为 30° 的测量几何模型，测量了原始完好电池和辐照激光能量密度为 0.12 J/cm^2、0.42 J/cm^2、1.16 J/cm^2、1.58 J/cm^2、2.14 J/cm^2 和 2.96 J/cm^2 时电池的表面散射光谱，原始完好电池光谱 BRDF 曲线如图 6 - 7 所示，图中横坐标为波长，谱段范围为 $400 \sim 1200$ nm，纵坐标为 BRDF 强度，单位为 sr^{-1}。不同激光能量密度辐照后电池的光谱 BRDF 曲线如图 6 - 8 所示。

当辐照激光能量密度为 0.12 J/cm^2 和 0.42 J/cm^2 时，电池可见光谱段和近红外谱段的散射光谱如图 6 - 8（a）、6 - 8（b）、6 - 8（c）、6 - 8（d）所示。在脉冲激光辐照作用下，与原始完好电池的 BRDF 曲线相比，$600 \sim 750$ nm 可见光谱段内的吸收峰数目减少，吸收峰的位置变化较小，吸收峰幅度减弱；尽管近红外谱段内的曲线幅值减弱，

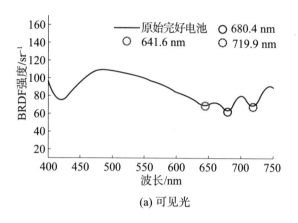

(a) 可见光

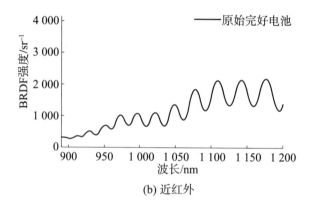

(b) 近红外

图 6 - 7　测量几何模型角度为 30°时原始完好电池光谱 BRDF

但仍存在由干涉特性引起的类周期振荡曲线。

　　当辐照激光能量密度为 1.16 J/cm² 时，电池表面出现由图 6 - 2 (d) 所示分布不规则的损伤区域。由散射光谱曲线可以看出，尽管吸收峰的数量和位置基本保持不变，但是吸收峰的幅值已大幅度减弱；近红外谱段的干涉特性基本消失。在激光能量密度继续增大的情况下，即当辐照激光能量密度为 1.58 J/cm²、2.14 J/cm² 和 2.96 J/cm² 时，随着电池损伤程度的加剧，可见光谱段曲线幅值大幅度减弱，可见光波段的吸收峰特性基本消失，同时近红外谱段的类周期振荡曲线完全消失。

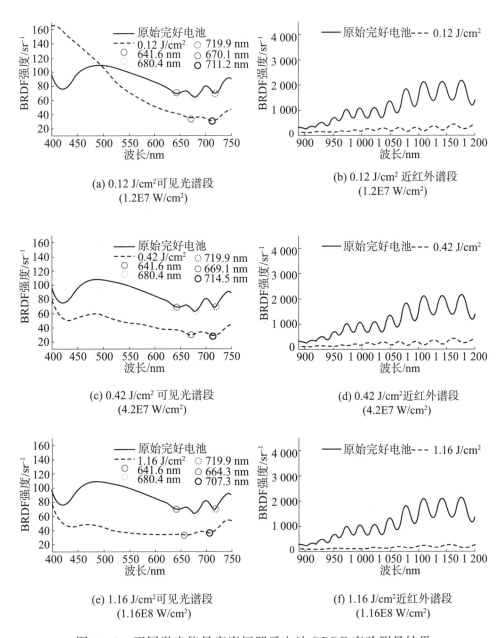

(a) 0.12 J/cm²可见光谱段
(1.2E7 W/cm²)

(b) 0.12 J/cm² 近红外谱段
(1.2E7 W/cm²)

(c) 0.42 J/cm² 可见光谱段
(4.2E7 W/cm²)

(d) 0.42 J/cm²近红外谱段
(4.2E7 W/cm²)

(e) 1.16 J/cm²可见光谱段
(1.16E8 W/cm²)

(f) 1.16 J/cm²近红外谱段
(1.16E8 W/cm²)

图 6 - 8　不同激光能量密度辐照后电池 BRDF 实验测量结果

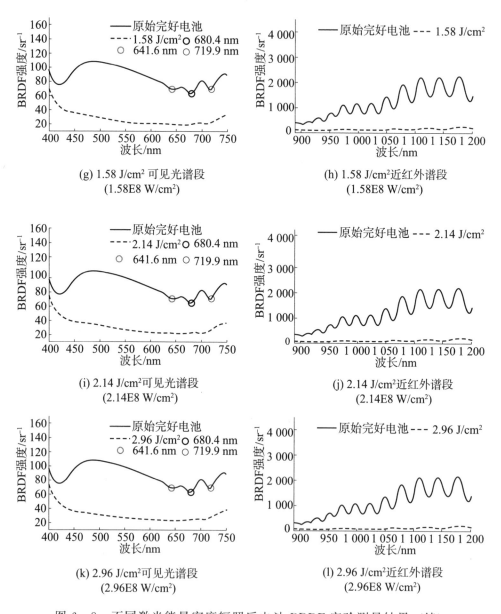

(g) 1.58 J/cm² 可见光谱段
(1.58E8 W/cm²)

(h) 1.58 J/cm² 近红外谱段
(1.58E8 W/cm²)

(i) 2.14 J/cm² 可见光谱段
(2.14E8 W/cm²)

(j) 2.14 J/cm² 近红外谱段
(2.14E8 W/cm²)

(k) 2.96 J/cm² 可见光谱段
(2.96E8 W/cm²)

(l) 2.96 J/cm² 近红外谱段
(2.96E8 W/cm²)

图 6-8　不同激光能量密度辐照后电池 BRDF 实验测量结果（续）

6.2.2　分析与讨论

电池散射光谱特性变化及表面形貌变化的对比结果由图 6 - 9 所示。可以看出，当辐照激光能量密度为 0.12 J/cm² 和 0.42 J/cm² 时，可见光谱段存在吸收特性引起的吸收峰，近红外谱段存在干涉特性引起的类周期振荡曲线；当辐照激光能量密度为 1.16 J/cm² 时，可见光谱段吸收峰的幅值减小，近红外谱段的干涉特性基本消失；当辐照激光能量密度为 1.58 J/cm²、2.14 J/cm² 和 2.96 J/cm² 时，可见光谱段的吸收峰和近红外谱段的干涉特性完全消失。从表面形貌也可以看出，当辐照激光能量密度为 0.12 J/cm² 和 0.42 J/cm² 时，电池表面无损伤区域；当辐照激光能量密度为 1.16 J/cm² 时，电池表面出现分布不规则的损伤区域；当辐照激光能量密度为 1.58 J/cm²、2.14 J/cm² 和 2.96 J/cm² 时，电池表面出现较大范围的损伤区域。

综上所述，当辐照激光能量密度小于 1.16 J/cm² 时，表面形貌基本没有发生变化，电性能中的最大输出功率 P_{max} 略微减小，电池发光性能完好，散射光谱可见光谱段存在吸收特性，近红外谱段存在干涉特性；当辐照激光能量密度大于 1.16 J/cm² 时，电池表面出现银色的损伤区域，电性能中的最大输出功率 P_{max} 大幅度下降，电致发光图像中出现了不规则分布的无法发光区域，可见光谱段吸收峰和近红外谱段的干涉特性完全消失。

此外，由图 6 - 9 可以看出，激光辐照引发电池表面产生损伤，同时带来散射光谱特性变化。其中，散射光谱特性的两个重要特征为：可见光谱段的吸收特性和近红外谱段的干涉特性。基于上述实验结果的结论，可以得出：如果仅从散射光谱特性出发，可见光谱段的吸收峰和近红外谱段的类周期振荡曲线是表征激光辐照损伤的重要判据。

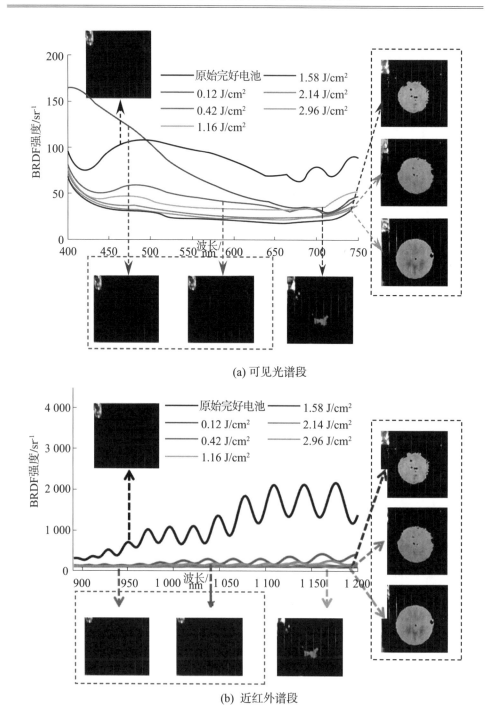

(a) 可见光谱段

(b) 近红外谱段

图 6-9　辐照电池散射光谱特性和表面形貌变化（见彩插）

同时，根据第 3 章中建立的三结砷化镓电池散射光谱模型和相关结论，可以得出顶电池 GaInP 层和中电池 GaAs 层是影响电池可见光谱段吸收特性和近红外谱段干涉特性的关键因素，此外 GaInP 层和 GaAs 层也是光电电池的核心关键层。通过仿真模型分析 GaInP 层和 GaAs 层的变化对散射光谱特征的影响，结果如图 6-10 所示。

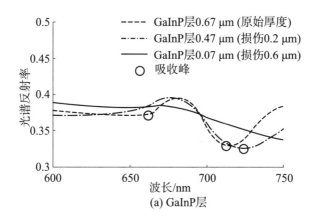

(a) GaInP 层

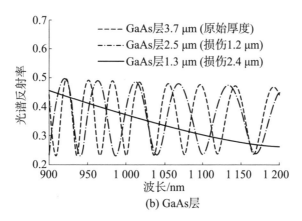

(b) GaAs 层

图 6-10　电池 GaInP 层和 GaAs 层厚度变化对光谱反射率特征的影响

由图 6-10 可以看出，当 GaInP 层完好时，600～750 nm 可见光谱段内存在吸收峰；当 GaAs 层完好时，近红外谱段存在类周期振荡曲线。当 GaInP 层厚度减小时，可见光谱段的吸收峰数目减少，吸收峰幅度减弱；当 GaAs 层厚度减小时，类周期振荡曲线逐渐消失。

为了分析基于散射光谱测量数据的电池损伤特性，利用 GaInP 层和 GaAs 层电池厚度的变化表征电池的损伤情况，通过仿真多种工况，得到基于散射光谱测量数据的激光损伤 GaInP 层和 GaAs 层厚度变化，即激光损伤引发的电池层厚度变化。图 6-11 给出了由激光能量密度变化引起的 GaInP 层和 GaAs 层厚度变化特性。图中横坐标为激光能量密度，左侧纵坐标为 GaInP 层厚度，右侧纵坐标为 GaAs 层厚度，实线为 GaInP 层厚度的变化，虚线为 GaAs 层厚度的变化。基于图 6-11 得到的厚度变化，进一步仿真得到不同激光能量密度辐照后电池的散射光谱变化，并与实际测量结果对比，结果如图 6-12 所示，图中实线为原始完好电池的光谱测量曲线，细虚线为辐照损伤电池光谱测量曲线，粗虚线为光谱仿真曲线。通过对比发现，实验测量光谱曲线的特征和仿真光谱曲线的特征基本相吻合。因此，可以对电池的损伤情况进行判别分析。

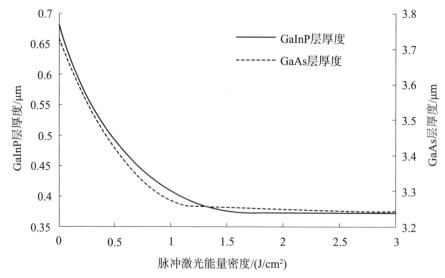

图 6-11　GaInP 层和 GaAs 层在脉冲激光辐照下的厚度特征变化

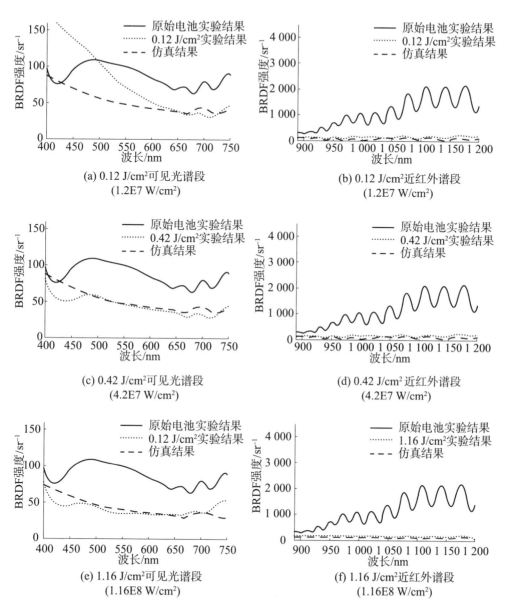

图 6-12 电池散射光谱特性模型仿真结果与实验测量结果对比

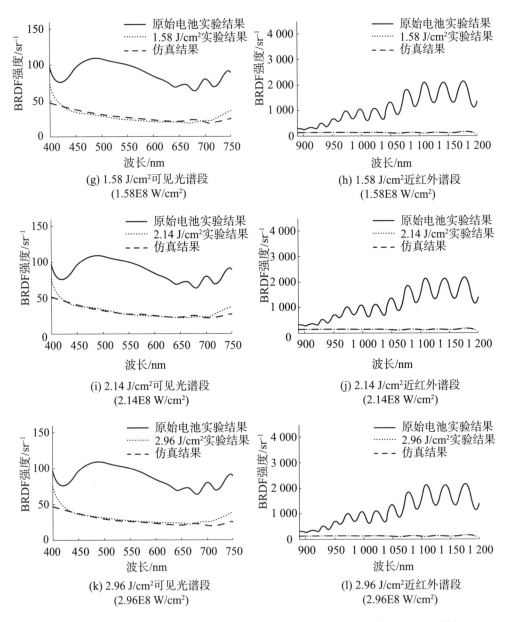

(g) 1.58 J/cm²可见光谱段
(1.58E8 W/cm²)

(h) 1.58 J/cm²近红外谱段
(1.58E8 W/cm²)

(i) 2.14 J/cm²可见光谱段
(2.14E8 W/cm²)

(j) 2.14 J/cm²近红外谱段
(2.14E8 W/cm²)

(k) 2.96 J/cm²可见光谱段
(2.96E8 W/cm²)

(l) 2.96 J/cm²近红外谱段
(2.96E8 W/cm²)

图 6 - 12　电池散射光谱特性模型仿真结果与实验测量结果对比（续）

如图 6-12 所示，当辐照激光能量密度小于 1.16 J/cm² 时，随着激光能量密度的增加，近红外谱段的干涉特性仍然存在，仅幅值发生变化，幅值变化主要是由于脉冲激光极高的峰值功率密度导致电池表面镜反特性改变，可见光的吸收特性和近红外的干涉特性表明 GaInP 层和 GaAs 层受损伤较小；当辐照激光能量密度大于 1.58 J/cm² 时，随着激光能量密度的增加，可见光谱段曲线幅值大幅度减弱，且难以观察到吸收峰特性，同时近红外谱段的类周期振荡曲线完全消失，反映出电池的 GaInP 层和 GaAs 层出现明显损伤。主要是由于当波长 1 064 nm 的纳秒脉冲激光辐照三结砷化镓太阳能电池时，激光的光子能量未达到顶电池 GaInP 层和中电池 GaAs 层的禁带宽度，此时激光可以透过电池的 GaInP 层及 GaAs 层到达 Ge 层。相较于连续激光，脉冲激光具有极高的峰值功率密度，紧邻 Ge 层的 GaAs 层首先受到损伤，表现为散射光谱特性中的近红外谱段干涉特性逐渐消失；随着激光能量密度的增加，即激光能量密度大于 1.58 J/cm² 时，由于作用激光的峰值功率密度极高，不仅紧邻 Ge 层的 GaAs 层发生损伤，同时 GaInP 层的损伤变大，表现为散射光谱特征中的可见光吸收峰特性趋于消失。

综上所述，当辐照激光能量密度小于 1.16 J/cm² 时，随着激光能量密度的增加，电池表面形貌基本没有发生变化；最大输出功率略微减小；电致发光性能基本不变；电池散射光谱曲线内，可见光谱段存在吸收特性，近红外谱段存在干涉特性，电池 GaInP 层和 GaAs 层受损伤较弱。当激光功率密度等于 1.16 J/cm² 时，电池表面形貌出现部分损伤；电致发光图像出现不发光区域，表明电池内部结构发生损伤；电功率输出开始下降；电池散射光谱曲线内，可见光谱段吸收峰减弱，近红外谱段的干涉特性逐渐消失，电池 GaInP

层和 GaAs 层逐渐开始损伤。当激光能量密度大于 $1.16\ \text{J/cm}^2$ 时，随着激光能量密度的增加，电池表面出现银色的损伤区域；最大输出功率下降显著；电致发光图像中出现了更大的无法发光区域；可见光谱段吸收峰和近红外谱段的干涉特性完全消失，电池 GaInP 层和 GaAs 层均存在明显损伤。

6.3 脉冲激光与连续激光辐照电池实验结果对比分析

6.3.1 电池激光辐照损伤特性分析

从激光辐照损伤特性测量结果得出，当波长为 808 nm 的连续激光辐照三结砷化镓太阳能电池时，热能在电池内部逐渐积累，并向电池未辐照区域扩散，最终引起电池总体温度的升高，当累积激光能量达到一定程度后，电池表面明显的温差易使得电池沿着电池表面碎裂，使得载流子输出途径中断，造成电池的输出性能大幅度下降。当连续激光功率密度大于 $9.2\ \text{W/cm}^2$ 时，电池最大输出功率几乎完全丧失，从显微镜中可以观察到圆形的烧蚀损伤区域，激光能量密度越大，损伤区域越大，同时损伤区域附近出现彩色圆环。电池电致发光图像显示，电池基本失去电致发光能力。

当波长为 1 064 nm，脉宽为 10 ns 的脉冲激光辐照三结砷化镓太阳能电池时，电池的损伤主要以热损伤为主。由于能量迅速沉积，导致光斑中心处电池材料熔融气化，激光脉冲持续时间在纳秒量级，激光脉宽远大于材料能量弛豫时间，热扩散作用显著，脉冲激光结束辐照后，烧蚀产物将很快由熔融状态转换到凝固状态，烧蚀产物的熔融再凝固形成烧蚀坑。当脉冲激光能量密度大于 $1.16\ \text{J/cm}^2$（$1.16\text{E8\ W/cm}^2$）时，电池最大输出功率大幅度下降。电池表面出现银色损伤区域，从显微镜中可以观察到凹陷的烧蚀损伤区域,辐照激光能量密度越大,损伤区域越大。电池电致发光图像显示,电池内部损伤面积随着激光能量密度的增加而增大。

6.3.2 电池激光辐照损伤散射光谱特性分析

从电池散射光谱仿真结果和电池散射光谱特性测量结果可以得出,原始完好三结砷化镓太阳能电池的散射光谱特征包括:由顶电池 GaInP 层和中电池 GaAs 层影响的可见光谱段吸收特性和近红外谱段干涉特性。在激光辐照损伤实验中,当辐照激光能量足够高时,将会导致电池内的 GaInP 层或 GaAs 层出现损伤,进而对辐照损伤电池的散射光谱特征造成影响。

为了研究激光辐照损伤电池的散射光谱特性,进而通过散射光谱特性判别电池损伤情况,通过实验建立了激光辐照电池损伤程度和散射光谱特性间的对应关系,结果由表 6 - 1 所示。

表 6 - 1 连续激光与脉冲激光辐照损伤电池散射光谱结果对比

激光类型	功率密度	电池最大输出功率	可见光谱段	近红外谱段
808 nm 连续激光	小于 9.2 W/cm²	与原始完好电池相比,最大输出功率基本不变	随着激光功率密度的增加,吸收峰数目减少,吸收峰幅度减弱	存在由干涉特性引起的类周期振荡曲线
	9.2 W/cm²	最大输出功率下降约 80%	存在吸收峰,但吸收峰的幅度减弱	存在由干涉特性引起的类周期振荡曲线
	大于 9.2 W/cm²	最大输出功率几乎完全丧失	随着激光功率密度的增加,吸收特性基本消失	存在由干涉特性引起的类周期振荡曲线

续表

激光类型	能量密度	电池最大输出功率	可见光谱段	近红外谱段
1 064 nm 10 ns 脉冲激光	小于 1.16 J/cm²	与原始完好电池相比,最大输出功率基本不变	随着激光能量密度的增加,吸收峰数目减少,吸收峰幅度减弱	存在由干涉特性引起的类周期振荡曲线
	1.16 J/cm²	最大输出功率下降了约50%	存在吸收峰,但吸收峰的幅度减弱	干涉特性基本消失
	大于 1.16 J/cm²	最大输出功率下降了约50%～60%	随着激光能量密度的增加,吸收特性基本消失	干涉特性完全消失

6.4　本章小结

本章开展了脉冲宽度 10 ns 的脉冲激光大光斑辐照三结砷化镓电池光电电池损伤特性和散射光谱特性影响的实验和仿真研究。主要研究内容和结论总结如下:

1) 激光辐照三结砷化镓太阳能电池,具有以下特点:

当辐照激光能量密度小于 1.16 J/cm² 时,电池最大输出功率基本不变,表面形貌测量显示,电池表面基本没有发生变化,电池电致发光性能基本不变;当辐照激光能量密度大于 1.16 J/cm² 时,电池最大输出功率下降了约50%～60%。电池表面出现银色损伤区域,从显微镜中可以观察到凹陷的烧蚀损伤区域,辐照激光能量密度越大,损伤区域越大。电池电致发光图像显示,电池内部损伤面积随着激光能量密度的增加而增大,电致发光图像的变化规律与最大输出功率下降的趋势相同。

2) 激光辐照损伤电池的散射光谱实验结果,具有以下特点:

原始完好电池散射光谱曲线的特征主要包括:可见光谱段的吸收峰和近红外谱段的类周期振荡曲线。当辐照激光能量密度小于 1.16 J/cm² 时,600～750 nm 可见光谱段内的吸收峰数目减少,吸收峰幅度减弱;近红外谱段内干涉特性引起的类周期振荡仍然存在。当辐照激光能量密度大于 1.16 J/cm² 时,可见光谱段曲线幅值大幅度减弱,且难以观察到吸收峰特性,同时近红外谱段的类周期振荡曲线完全消失。

3) 散射光谱仿真模型的仿真结果,具有以下特点:

电池散射光谱吸收和干涉等特征主要由 GaInP 层和 GaAs 层所引起,其中,GaInP 层主要影响可见光谱段的吸收特性,当 GaInP 层厚度减小时,可见光谱段的吸收峰数目减少,吸收峰幅度减弱;而 GaAs 层主要影响近红外谱段的干涉特性,当 GaAs 层厚度减小时,类周期振荡曲线逐渐消失。为了分析电池损伤对其散射光谱特征的影响,基于电池散射光谱模型进行仿真分析,利用 GaInP 层和 GaAs 层电池厚度的变化表征电池的损伤情况,通过仿真多种工况,得到激光能量密度变化引起的 GaInP 层和 GaAs 层厚度变化特性,即激光损伤引发的电池层厚度变化,仿真结果与实验结果变化趋势基本相同。因此,可以基于散射光谱实验数据对电池的损伤情况进行判别分析。

参 考 文 献

［1］ 陈一夫. 真空环境下短脉冲激光辐照太阳能电池损伤特性研究［D］. 北京：
航天工程大学，2021.

［2］ 常浩，陈一夫，周伟静，等. 纳秒激光脉冲辐照太阳能电池损伤特性及对
光电转化的影响［J］. 红外与激光工程，2021（S2）：8－15.

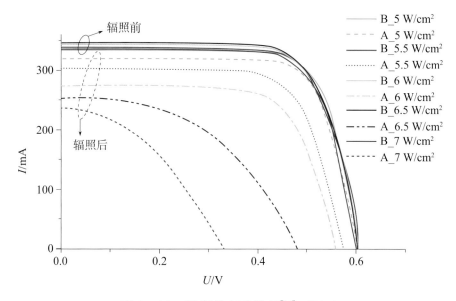

图 1-12　张宇的实验结果[24]　（P14）

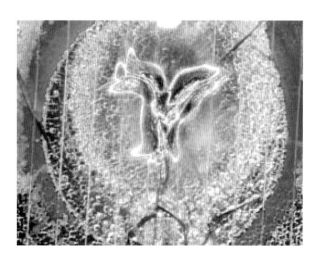

图 1-14　功率 31 W、波长 1 064 nm 激光辐照后电池的损伤形貌[28]　（P17）

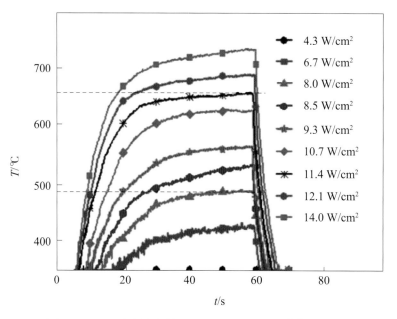

图 1-16　不同激光能量下电池温度变化[31]　（P19）

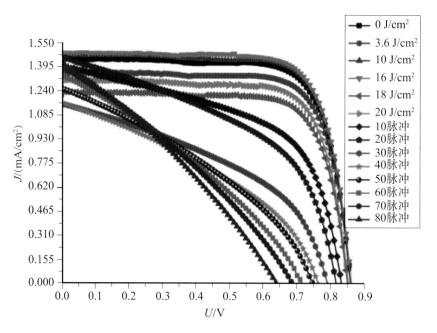

图 1-19　脉冲激光辐照电池非栅线部位伏安特性变化[33]　（P22）

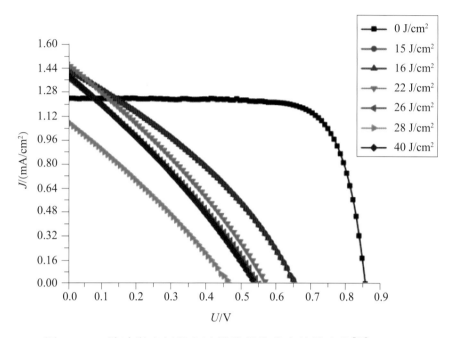

图 1-20　脉冲激光辐照电池栅线部位伏安特性变化[33]（P22）

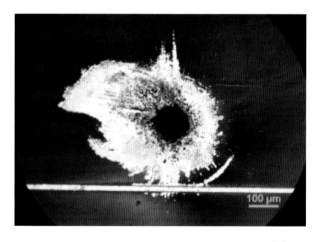

图 1-21　皮秒脉冲激光辐照后电池的损伤形貌[33]（P23）

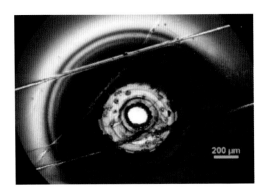

图 1-22　连续激光辐照后电池的损伤形貌[33]（P23）

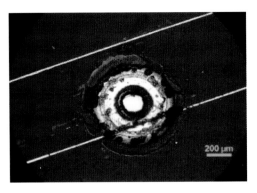

图 1-23　彩虹色环经盐酸清洗后形貌[33]（P24）

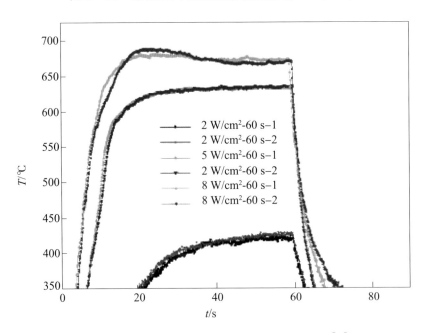

图 1-26　不同激光功率密度辐照下电池温度变化[35]（P26）

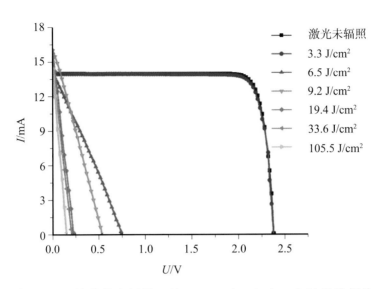

图 3-14　纳秒激光辐照三结 GaInP$_2$/GaAs/Ge 电池栅线部位
伏安特性曲线变化（P75）

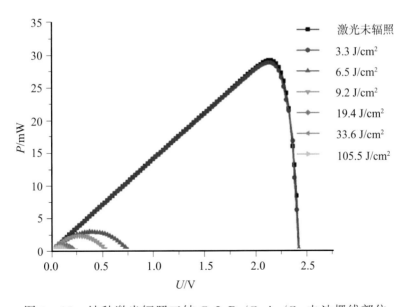

图 3-15　纳秒激光辐照三结 GaInP$_2$/GaAs/Ge 电池栅线部位
功率电压关系曲线变化（P75）

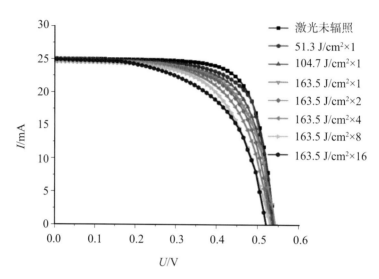

图 3-24　纳秒激光辐照单晶 Si 电池非栅线部位电池伏安特性曲线变化（P84）

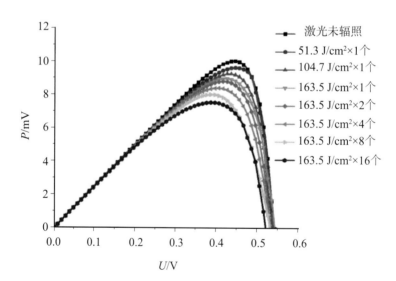

图 3-25　纳秒激光辐照单晶 Si 电池非栅线部位电池功率电压关系曲线变化（P84）

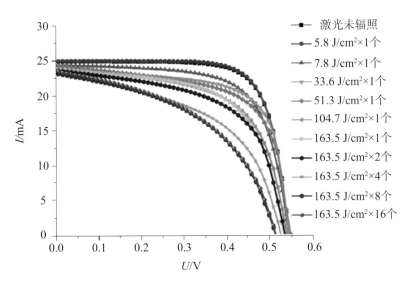

图 3-32　纳秒激光辐照单晶 Si 电池栅线部位电池伏安特性曲线变化（P90）

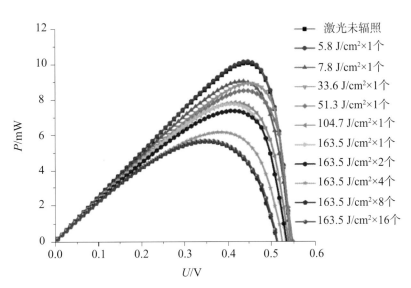

图 3-33　纳秒激光辐照单晶 Si 电池栅线部位电池功率电压关系曲线变化（P91）

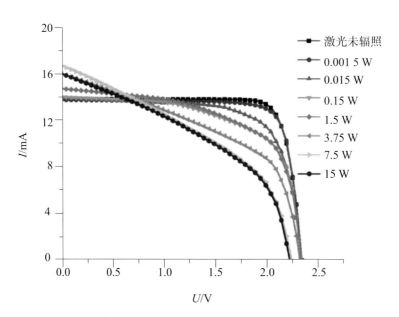

图 4-2　皮秒激光辐照三结 GaInP₂/GaAs/Ge 电池非栅线部位
伏安特性曲线变化（P107）

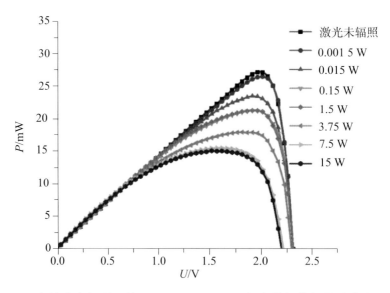

图 4-3　皮秒激光辐照三结 GaInP₂/GaAs/Ge 电池非栅线部位功率电压关系
曲线变化（P107）

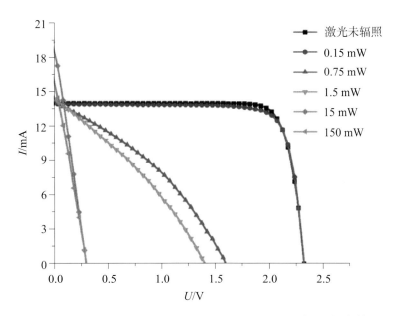

图 4-10 皮秒激光辐照三结 GaInP₂/GaAs/Ge 电池栅线部位伏安特性
曲线变化（P114）

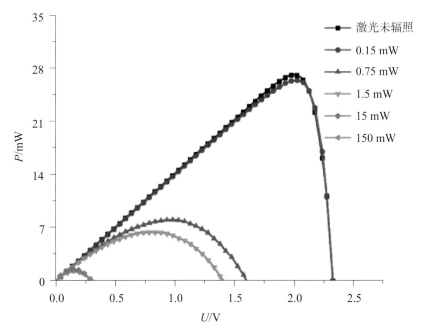

图 4-11 皮秒激光辐照三结 GaInP₂/GaAs/Ge 电池栅线部位功率电压关系
曲线变化（P114）

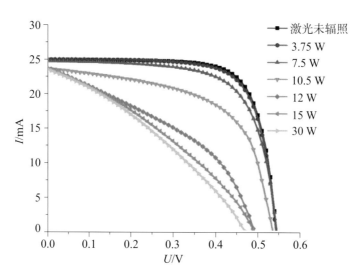

图 4 - 20　皮秒激光辐照单晶 Si 电池非栅线部位伏安特性曲线变化（P123）

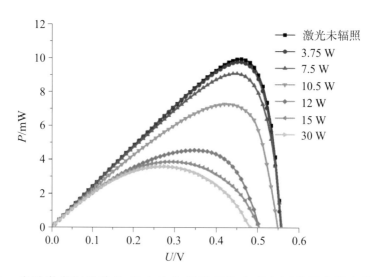

图 4 - 21　皮秒激光辐照单晶 Si 电池非栅线部位功率电压关系曲线变化（P124）

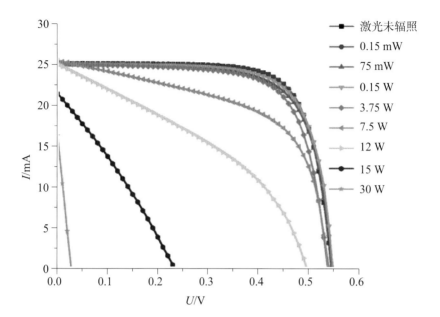

图 4 - 28　皮秒激光辐照单晶 Si 电池栅线部位伏安特性曲线变化（P131）

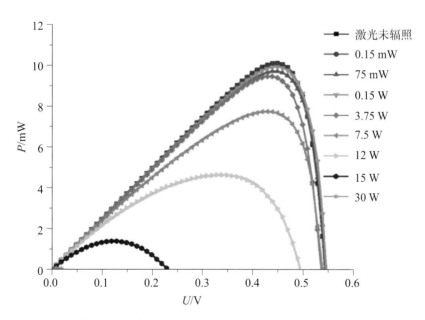

图 4 - 29　皮秒激光辐照单晶 Si 电池栅线部位功率电压关系曲线变化（P131）

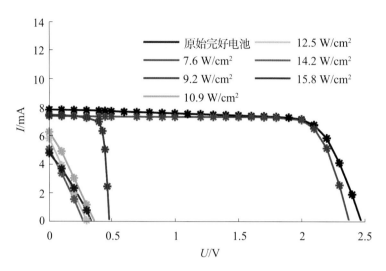

图 5 - 8　不同功率密度激光辐照后电池 I - V 特性变化（P154）

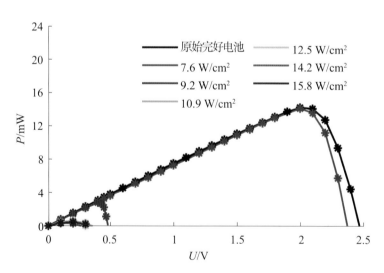

图 5 - 9　不同功率密度激光辐照后电池 P - V 特性变化（P155）

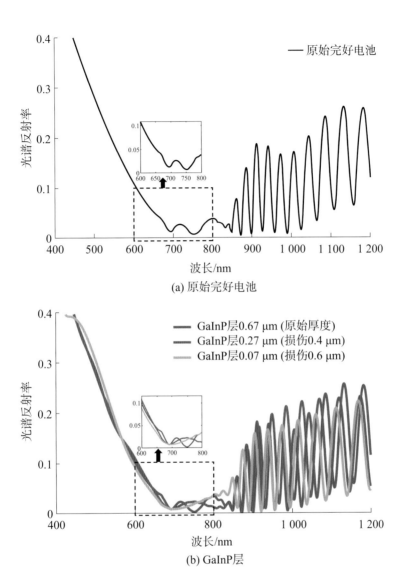

(a) 原始完好电池

(b) GaInP层

图 5-17　GaInP 层电池损伤对电池光谱反射率特征的影响 (P166)

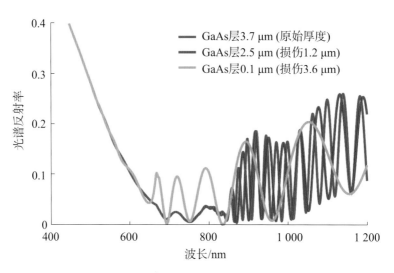

图 5 - 18　GaAs 层电池损伤对电池光谱反射率特征的影响（P167）

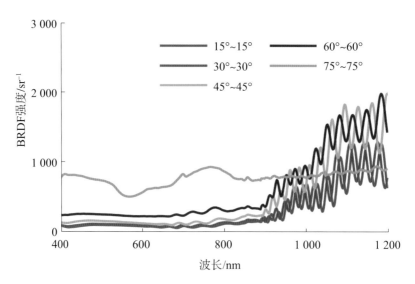

图 5 - 19　不同测量几何模型的原始完好电池光谱 BRDF（P168）

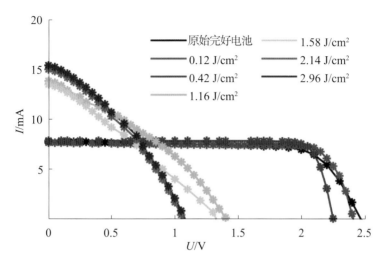

图 6 - 3　不同能量密度激光辐照后电池 I - V 特性变化（P179）

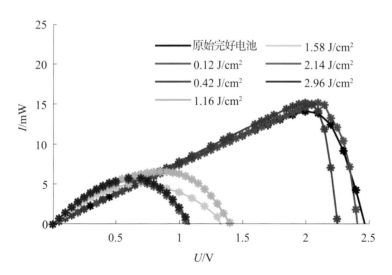

图 6 - 4　不同能量密度激光辐照后电池 P - V 特性变化（P179）

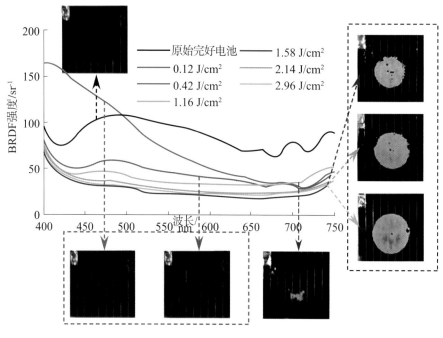

(a) 可见光谱段

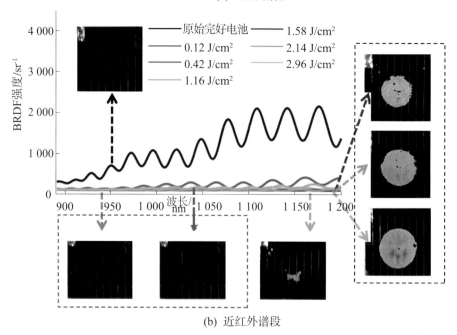

(b) 近红外谱段

图 6-9　辐照电池散射光谱特性和表面形貌变化（P188）